KB042917

甲骨文과 中國의 象形文字

甲骨文, 東巴文, 水書를 대상으로

金泰完 著

學古房

甲骨文과 中國의 象形文字

甲骨文, 東巴文, 水書를 대상으로

金泰完 著

學古房

서문

문자가 왜 필요했을까? 지식의 저장과 전달이라는 사전적인 정의를 차치하고서 던지는 우문이다.

어느 정도 진화에 성공한 인류는 아마도 뭔가를 표현하고 싶었을 것이라 추측해 본다. 격렬한 사냥터에서 동료를 잃고서야 겨우 포획한 들소와 창. 죽어서 조상신 곁으로 간 동료는 어떻게 표현하며, 나의 분신인 창, 그리고 날카로운 뿔이 섬뜩한 들소는 어떻게 표현할까? 죽음, 신, 동료, 창, 들소……. 우선 눈에 보이는 것들을 그대로 그려서 표현하기가 가장 쉬웠을 것이다.

그래서 '사람'은 선과 원으로 그리고, '동료'는 그가 좋아했던 장식과 문신으로 대체하고, '창'은 손잡이와 날을, '들소'는 누구는 전신을 누구는 머리를 그린다. '죽음'은 죽은 자의 뼈와 슬퍼하는 사람을 합치고, '신'은 제단의 모양과 신이라는 발음을 합쳐서 표현한다. '창'은 곧 나 자신이 된다. 그들이 거주하는 동굴 벽에, 토기와 창에, 나의 몸에 그리고 새긴다.

이 그림들은 점점 많아지고 다양해져서, 여러 그림들 가운데 공통적인 특징만을 표현하고자 하는 약속이 필요하게 되고, 나아가 그림을 말로 설명하기 보다는 그들이 사용하는 소리로 그림을 대신하게 된다. 문자의 탄생이다.

사실 상형문자는 누구나 그 의미를 파악할 수 있도록 그 방법과 원리가 쉽고 간단해야 한다. 가장 원시적인 단계에서 발생하였기 때문이다.

甲骨文과 東巴文 그리고 水書도 학자들은 세밀하게 분석하지만, 그 원리는 하나다. 눈에 보이는 것을 그리는 것이다. 단, 손이 아니라 눈을 통과한 마음으로 그려냈다. 이때부터 객체[형상]가 아닌 주체[마음]로서 문자가 성립되고, 그 주체를 이해하기 위해 또 다른 객체가 필요하게 되는데, 이것이 典型이다. 그래서 象形은 典型이라 할 수 있다.

일반적으로 상형문자는 시각적이다. 卜(갑골을 불로 지질 때 갈라지는 모양과 소리-복), 雷(천둥 소리-뢰), 鍾(쇠북 소리-종) 등 일부 청각적인 현상을 반영한 글자가 있기는 하나, 근본적으로 청각적이지는 않다.

반면, 시각적이면서도 청각적인 글자가 있는데, 바로 ㅎ、ㄴ글이다. 이 글자는 구강 안의 치아 그리고 혀의 위치와 모양을 형상화하였기에 그 이치를 알면 소리가 보인다. 사람의 입 안에서 벌어지는 발음을 눈으로 볼 수 있는 부호로 만든 것이다. 거기에 天(·), 地(一), 人(丨)의 우주관을 반영한 모음까지 더하면 완벽한 문자가 된다. 눈에 보이는 소리, 귀에 들리는 모양!

이는 世宗이 고안한 象形의 典型이며 Design이다. 필자가 느끼기에 최근 타계한 스티브 잡스가 컴퓨터에 글꼴의 아름다움을 심었다면, 566년 전의 세종은 문자에 디자인의 혁명을 완성시켰다.

인류문명의 발전은 사실 디자인의 발전이라 해도 과언이 아니다. 수레가 땅 위를 달리기 위해서는 동그란 모양의 바퀴가 필요했고, 비행기가 하늘을 날기 위해서는 가느다란 유선 모양의 날개가 필요했다. 이 역시 모두 디자인이었다. 이 뿐만이 아니다. 의자는 인체의 선과 움직임을 가장 편하게 반영한 디자인이 고급이자 고가이며, 의복은 실용을 넘어 아름다울수록 소위 명품의 반열에 든다.

한글은 다이아몬드처럼 단순하기에 완벽하며, 상하좌우 대칭의 완벽한 기하학적인 구조이기에 간단하며 미래지향적이다. 그래서 사용하기에 더없이 편리한 한글은 인류사에 길이 남을 '아름다운 혁명!'이다.

상형문자의 모양은 곧 Design이며, 이것을 形象의 典型이라고 볼 때 디자인이 얼마나 중요한지 그 정도를 짐작할 수 있다. 甲骨文과 東巴文 그리고 水書는 디자인에서 일정 정도의 성과를 거두었다고 할 수 있다. 애초에는 女書도 그 대상에 함께 두었었으나, 女書는 엄밀히 보아 독자적인 문자체계를 갖추었다기보다는 한자의 변형체에 가까웠기 때문에 결국 배제하였다.

이 책은 이러한 원리를 중국의 상형문자에서 찾고자 시도한 글이다. 그러나 이 한 권의 책을 통해 그 원리가 명확하게 밝혀질 수는 없다. 필자의 미력함과 게으름이 주요 원인이겠지만, 동시에 인류학 및 고고학과 연관지어, 보다 더 광범위하면서도 심층적인 연구가 필요함을 절실히 느낀다.

『說文解字』를 쓴 許愼은 평생을 두고 탈고를 하지 않았다. 죽기 직전에야 아들에게 책의 進獻을 부탁하고 숨을 거두었다. 책의 군

데군데에 '未詳'이라는 문구가 선명하다. 후학들의 완성을 기대한 것이다. 책의 서문이 작성된 것이 기원후 100년이니, 그가 죽고 나서 19세기 淸代의 許學과 段玉裁의 『說文解字注』까지 그의 바람은 지속되었다. 명작이란 이런 것이다. 결코 완성되지 않는 완성작!

이 책은 연구년차 방문한 미국 IOWA 州의 University of Iowa에서 작성하였다. 이 책을 집필하는 동안 물심으로 도움을 주신 현지의 여러분과 가족에게 감사드린다. 그리고 초고를 마친 거친 글을 꼼꼼히 읽어 준 대학원생 변계현·임지영·설영화·권용채와, 끝으로 부족한 글을 출판하도록 흔쾌히 허락해 주신 도서출판 학고방의 하운근 대표님과 직원분들께 지면으로나마 깊은 감사의 말씀을 드린다.

2012년 1월 20일

목 차

제 0 장

IMAGE의 역할

현재까지 인류가 그린 최초의 회화로 알려진
기원전 1만 5000년경의 라스코(Lascaux) 암각화

IMAGE의 역할

1. Image란 무엇일까?

나는 지금 미국 IOWA 州 Iowa 市 University of IOWA에 연구년차 잠시 거주하고 있다. 여러 사람을 본다. 사람들의 얼굴이 제각각이다. 눈 코 입은 모두 같은데, 백인, 흑인 그리고 서양사람, 동양사람 나아가 아랍사람, 아프리카사람 등, 생김새가 모두 다르다. 그리고 그들의 얼굴만 보아도 그들이 대강 어디에 속하는지 나로 하여금 짐작을 가능하게 한다. 이처럼 얼굴은 그가 누구인지를 나에게 알려주는 것이다.

글자도 사람의 얼굴처럼 다르다. 영어는 옆으로 뉘어 쓰지만, 한자는 정방형의 네모꼴이다. 그래서 Iowa Public library는 가로로 새겨져 있지만 北京飯店 간판은 세로로 길게 세워져 있다. 설령 가로세로의 구분이 없다 하더라도 일단 모양이 확연히 다르다. 다섯

살짜리 막내 녀석은 뜻과 발음은 몰라도 그것이 영어인지, 한자인지 그리고 난생 처음 보는 문자인지 금방 안다. 이처럼 글자의 모양도 그가 누구인지를 우리에게 알려주는 것이다.

모양은 단순한 모습이기 이전에 우리에게 분명한 역할을 하고 있다. 우리는 이것을 문자에서 확인하고자 한다.

한글은 그 원리를 알고 나면 그 숨은 과학성에 감탄하지 않을 수 없다. 바로 상형의 원리가 발음기호 속에 숨어 있기 때문이다. 牙舌脣齒喉, ㄱㄴㅁㅅㅇ이 모두 口腔 안에서 '움직이고 만나며 터지고 부딪치는' 혀와 이와 입술과 목구멍의 모양을 본 뜬 것이지 않는가? 이처럼 소리를 상형한 글자가 한글인 것이다. 위대한 발상의 전환이며, 그래서 한글은 위대하다.

그러나 한글보다 훨씬 이전의 사람들은 산, 강, 사슴, 코끼리, 수레, 창 등 눈에 보이는 대상을 사실적·회화적으로 그렸다. 그것도 아주 순박하게 그렸다. 처음에는 동굴에 새기다가 점차 토기에 그렸으며 나중에는 파피루스나 갑골에 새겼다. 비단이나 종이에 새기기 시작한 것은 이미 기원 0년 전후의 일이다.

하지만 이들 모두가 문자인 것은 아니다. 동굴의 벽화는 형체와 의미는 있지만 발음은 없었을 것이다. 단순히 그림일 뿐이기 때문이다. 우리가 현재 smart phone의 어떤 앱플(application)을 두고 그것을 발음으로 읽지는 않는 것과 같다. 토기에 새긴 것도 마찬가지였다. 그러다가 이러한 그림 부호들이 어느 순간부터 발음을 갖게 되었을 것이다.

물론 발음은 그 전에도 있었겠지만 그 발음에 일대일로 대응하는 기호는 없었다. 예를 들어 동굴에 그려 놓은 소를 보자.

기원전 1만 5000년경의 라스코(Lascaux) 암각화

프랑스 중부의 몽띠냑(Montignac)이라는 시골마을에 위치한 위의 '라스코' 암각화에는 사람, 소, 창, 화살이 함께 그려져 있다.

기원전 1만 5,000년의 구석기인들은 왜 그림을, 들소를 그렸을까? 이는 아마도 사냥의 성공을 기원하는 일종의 의식일 수 있다. 소에 창과 화살이 꽂혀 있는데, 이는 사냥에 성공하는 모습이자, 두려움의 극복이며, 생존을 위한 투쟁이자, 예술의 시작이다. 그런데 위 그림의 주인공은 그만 소뿔에 받히고 말았다. 소를 사냥하기는커녕 소에게 사냥을 당했다. 불쌍한 사람이다.

그런데 이때 누군가가 벽에 그려진 [소 그림]를 평소에 사용하는 '소'라는 발음으로 불렀다면, 이 [소 그림]는 형체와 의미와 발음이라는 세 요소를 갖춘 문자가 된다. 예술의 시작과 동시에 문자가 시작된 것이다.

이는 어떤 사실을 기록하고자 그 사물의 발음을 그림으로 그린 것과 마찬가지다. 사람들은 사람과 소와 화살과 창을 별개로 그리기 시작했고 그것들의 발음과 함께 읽었을 것이다. 그림과 개념과 발음은 사실 동시에 발생했다 할 수 있다. 다만, 그것을 문자라 인식하지 못했을 뿐이다.

이처럼 image는 어떤 사물의 모습이기 때문에 그 자체로 의미가 되며, 그것에 발음이 부여되면 문자가 된다.

2. Image의 역할 및 능력 – 꽃이 되는 文字

시인 김춘수의 「꽃」은 다음과 같다.

꽃

김춘수 (1952년경 발표)

내가 그의 이름을 불러주기 전에는
그는 다만
하나의 몸짓에 지나지 않았다.

내가 그의 이름을 불러주었을 때

그는 나에게로 와서
꽃이 되었다.

내가 그의 이름을 불러준 것처럼
나의 이 빛깔과 향기에 알맞는
누가 나의 이름을 불러다오. 그에게로 가서
나도 그의 꽃이 되고 싶다.

우리들은 모두 무엇이 되고 싶다.
너는 나에게 나는 너에게
잊혀지지 않는 하나의 몸짓이 되고 싶다.

'내'가 그의 이름을 불러 줌으로써 '꽃'이 존재의 의미를 갖게 된다. 또 '나'도 '그'가 이름을 불러 줌으로 인해 부재와 허무에서 벗어날 수 있음을 노래한 시이다. 혹은 사물의 실존철학을 바탕으로 쓴 시라고도 하는데, 곧 언어가 존재에 미치는 영향을 말한다고 할 수 있다. 이때 '이름'은 '언어'에 다름 아니고 언어는 곧 의미부여 행위의 매개체다.

들판에 형형색색 피어 있는 꽃들은 제각기 이름을 가지고 있다. 사람들이 각각 다른 모습을 하고 있으면서 동시에 자신들만의 고유한 이름을 가진 것과 같다. 사람과 꽃에 있는 이름은 곧 발음이다. 이 발음은 의미 없는 바람의 소리가 아니라 누구이며 무엇인가를 구체적으로 지시하는 의미를 가진 발음이다. 문자에서 발음이란 곧 의미를 담보할 때를 말한다. 김춘수의 '꽃'이 누군가에게 불려 질 때 비로소 의미가 있는 것처럼.

사실 꽃은 곧 image이다. 꽃만의 향기와 자태와 연약함을 갖고 있는 image이다. 이 image를 누군가는 연인에게 바치는 선물로 활용하겠지만, 인류는 그전에 그 특성을 그림으로 그렸고, 그것을 문자로 활용하였다. 들소도 마찬가지다. 상형문자가 그렇다.

象形, 즉 형체를 그려서 부호로 삼는 문자란 말인데, 이때 부호는 형체를 보여주는 부호이기도 하고, 동시에 발음을 들려주는 부호이기도 하다. 두 가지 역할처럼 보이지만, 형체는 곧 의미를 나타내고 있기 때문에 부호는 세 가지의 역할을 동시에 하고 있는 것이다. 꽃을 꽃이라 부르는 순간, 꽃은 문자가 되었다. 꽃이 된 문자이며, 문자가 된 꽃이다.

이에 필자는 형체, 의미, 발음을 다음과 같이 정의한다.

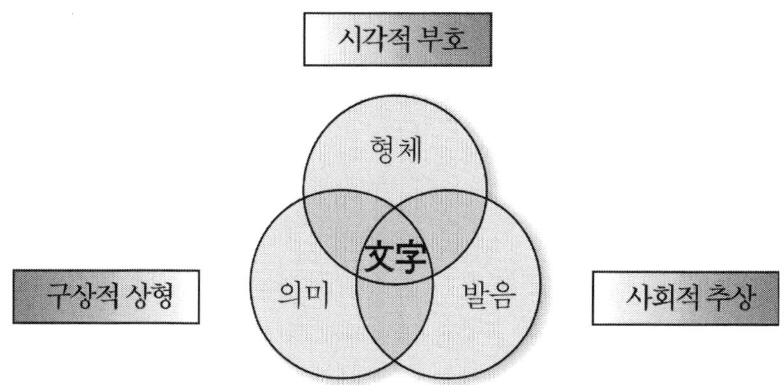

문자는 형체, 의미, 발음이라는 세 요소가 공통으로 만들어 내는 산물이다. 이 세 가지는 각각 별개로 존재할 수 있다. 각자의 기능이 있기 때문이다.

우선 형체는 눈으로 보이는 대상이기 때문에 그 자체적으로 실존하고 있다. 그 실체를 정밀하게 그린 사실화가 아닌 대략적인 선과 점으로 표현하는 것, 形象을 典型化하는 것, 그것이 문자적인 형체이며, 곧 시각적 부호가 된다. 典型化란 대상이 되는 사물의 특성과 성질을 가장 객관적으로 形象化하는 model이자 sample이다. 눈에 보이는 대상을 손이 아닌 눈으로 그려 다시 모두에게 보여주는 것이다.

의미는 시각적 부호를 통해 우리에게 전달되는 '개념의 판단'이다. [객관적 형체]에 [전형적 부호]의 과정을 거친 후 제삼자가 보더라도 1차 造字者의 의도와 일치해야 하기 때문에 특정의 의미가 具象的으로 표출된 것이며, 그래서 구체적이고 곧 상형적이어야 한다. 이 개념의 판단이 우리가 '상형적'인 '그림'을 보고서 우리의 두뇌에 떠오르는 '문자적'인 '의미'라 할 수 있다.

발음은 사실 필연적이지 않다. 꽃을 꽃이라 부르건 소라 부르건 그것은 당연히 우연적이다. 이는 누군가에 의해 시작된 '꽃'이라는 발음이 내 친구에게 그리고 친구의 친구에게 전해져 어느 순간부터 사회적인 약속이 된 것이다. 눈으로 보이는 부호이거나 구상적이지도 않는, 한 번 듣고 잊어버리면 다시 구현하기 어려운, 그래서 대단히 추상적인 발음인데도 불구하고, 그 약속은 결코 깨지지 않았다. 그래서 사회적으로 약속된 추상이다. 반면, 이 지키기 어려운 약속을 확실히 하는 데 표음문자는 대단히 실용적이었을 것이다.

위의 형체, 의미, 발음의 기능과 역할이 서로 합쳐져서 공통되는 부분, 3자가 교차적으로 만나는 부분이 문자다.

3. 漢字에서의 Image

한자의 경우를 보자.

위의 표에서 일관되게 작용하는 한 가지가 있다. Image이다. 이것은 1인 2역을 넘어 1인 6역의 역할까지도 수행하고 있다. 우선 그는 한몸에 의미와 발음이라는 두 얼굴을 하고 있다. 이때 의미는 누구나 공감할 수 있는 典型的인 모습이어야 한다. 필자는 이것을 具象的 象形이라 명명하였다. 동시에 이 얼굴은 자신이 누구인가를 마치 이름표처럼 달고 다녀야 한다. 이것을 約束된 抽象이라 명명하였다.

물론 회화단계의 image는 아직 의미만 갖고 있었으나, 그것을 문자로 활용한 인류는 그에게 '발음'이라는 능력까지 부여하였다. 이 단계의 image가 문자, 즉 象形文字다.

한자에 비추어 image가 하고 있는 일들을 필자는 다음과 같이 정의한다.

IMAGE의 1차적 役割

➡ 象形的 **視覺** | 指事·會意字의 意味 | 形聲字의 形符

IMAGE의 2차적 機能

➡ 抽象的 **聽覺** = 象形的 發音符號 = 形聲字의 聲符

IMAGE의 3차적 擴張

➡ 轉注 : 1차적 역할[視覺]의 **極大化**
假借 : 2차적 기능[聽覺]의 **專門化**

文字化된 image는 기본적으로 視覺的이며, 동시에 聽覺的이다. 그래서 image의 능력은 실로 대단하다.

일차적으로, 상형적이어서 시각적인 image는 상형자가 된다. 그는 마치 사진처럼 그가 누구인가를 우리에게 보여주는 것이다. 이 상형자에 다른 부호가 더해져서 지사자가 되고, 상형적 부호들이 합쳐져 회의자가 된다. 그리고 이 역할은 형성자에서도 여전히 그 힘을 발휘해서 형성자의 形符의 역할을 수행하고 있다.

image의 역할은 이에 그치지 않고 그가 이름표처럼 달고 다니는 청각적인 그것, 즉 발음의 기능을 동시에 가지고 있다. 이 기능은 상형자를 눈으로 읽을 뿐 아니라 입으로 부를 수 있게 한다. 앞에서 말한 그 사진은 다시 청각적으로 우리에게 자신의 이름을 들려주어 그가 누구인가를 말해준다.

그런데 이때의 이름은 반드시 자신의 얼굴과 일치되는 발음이어야 한다. '김태완'이라는 얼굴이 '유지태'라는 이름을 대면 사람들이 헷갈리는 것과 같다. 이때의 얼굴은 고유명사로서 그의 이름과 같아야 하는 것, 곧 사회적 약속이다. 동시에 이 추상적인 청각은 사회적 약속이 되었을 때 이미 상형적인 발음부호가 되었다.

이는 시각을 청각화한 발상의 전환이라 할 수 있다. 그러나 이 시각과 청각은 본래부터 있었던 기능이다. 다만, 이 두 가지 기능을 번갈아 사용하는 것이다. 그래서 엄밀히 말하면 발상의 전환이 아니라 능력의 재활용이라 보아야 맞다. 상형의 모습으로 발음기호의 역할을 하는 것이다. 역시 형성자에서 聲符로 기능하고 있다.

한자의 경우 위의 두 역할과 기능에만 머무르지는 않는다. 한자가 비록 5만여 자에 이르고 있지만, 다행스럽게도 인류의 모든 개념과 사물의 이름마다 글자를 만들지는 않았다. 다시 말해 한자가 다른 상형문자와는 달리 지금까지 살아남았고, 앞으로도 생존할 수 있는 숨은 힘이 바로 위 두 역할과 기능의 응용에 있다고 할 수 있다. 이는 곧 image의 응용이며, 확장이다.

본래는 하나였던 1차적 역할과 2차적 기능을 별개로 활용하였다. 즉, 1차 시각적인 역할을 극대화한 것이 의미의 引伸인 轉注字이며, 2차 청각적 기능을 전문화한 것이 假借字이다.

일단 전형화된 상형의 부호는 그 형상과 연관되는 다른 의미가 끝임 없이 첨가되게 된다. 수레바퀴가 흙길과 눈길을 구르고, 물줄기가 산과 계곡을 따라 흘러간다. 수천수만 번을 회전한 수레바퀴는 더 이상 애초의 모습이 아니다. 수많은 먼지와 흙이 달라붙고,

또한 처음 출발했던 위치와 전혀 다른 곳에 와 있지만, 수레바퀴의 본질은 변하지 않았다. 水源에서 흘러나온 한 방울의 물 역시 비를 만나고 썩은 나뭇잎을 만나며, 강을 지나 바다에 도달했지만 물은 여전히 물이다. 이것이 轉과 注, 轉注다.

상형적 의미와 결합한 발음은 필연적이지 않다고 했다. 다만, 사회적 약속이기에 그것을 저버릴 수 없었던 것이다. 그러나 한순간 그 약속을 위대하게 파기한 것이 假借이다. 역으로 말하면 어떤 '글자'의 '발음'이 아니라 본래 어떤 '발음'의 '글자'였음을 다시 확인한 것이다. 때문에 결코 약속의 파기는 아니다. 훗날 학자들이 발음과 기호의 선후 관계를 착각한 것이다.

어쨌든 사람들은 어떤 모양이든 상관없이 그 글자의 발음을 빌려 썼다. 대단히 편리한 방법이었을 것이다. 새로운 모양의 글자를 만들지 않고서도 다른 의미의 글자로 활용할 수 있는 것. 이는 상형의 본래 기능이었던 형상과 발음이라는 기능을 다시 한 번 전문적으로 활용한 것이다. 이것이 본래의 것이 아닌 가짜[假]를 잠시 빌려[借] 쓴 假借다.

그러나 한자는 형상으로 의미를 나타내는 문자이기에 '창'([illegible], 戈) 모양을 두고서 '나'([illegible], 我)'라고 하는 데에는 한계가 있었다. 사람들의 이러한 소위 약속 파기는 전문적이기에 대중적일 수 없었다. 큰 혼란을 야기할 수 있기에, 가차자는 그 수가 극히 적다.

4. 미리 보는 漢字, 東巴文, 水書의 六書 기준 비교

위와 같이 image의 역할과 기능에 대해 살펴본 이유는 상형이라는 하나의 방법으로 만들어진 漢字, 東巴文, 水書를 역시 상형이라는 하나의 기준으로 살펴보기 위해서이다. 1장부터 4장까지 상세히 이야기하고 있는 내용의 결과를 미리 제시한다. 다음에 제시하고 있는 표는 1~4장까지의 집필을 마친 후 작성한 것이다. 이렇게 결과를 미리 제시하는 이유는 답을 알고 문제를 풀되, 그 답이 맞는지 검증하기를 바라기 때문이다. 특히 중요하게 견지해야 할 사항은 이 제0장에서 말하고 있는 상형의 역할과 기능이다.

象形이 각기 다른 민족과 시대에서 어떻게 구현되었으며, 어떻게 작용을 하고 있는가?

六書는 後漢의 許愼이 한자의 구조를 분석한 방법이다. 이때 한자는 상형문자이다. 그래서 육서는 모든 문자를 분석하는 방법이 아니다. 다만, 이 책에서 다루고 있는 甲骨文, 東巴文, 水書는 모두 상형문자이기에 육서라는 기준으로 분석한 것이다.

물론 육서가 상형문자를 분석하는 최선의 방법이라고 할 수는 없다. 그래서 학자들은 갑골문을 육서로 혹은 三書와 같은 다른 기준으로 분석하기도 했다. 동파문이나 수서도 마찬가지다. 육서로는 적확하게 맞아떨어지지 않기 때문에 많은 학자들이 각자의 기준을 세우고 그것으로 분석을 시도했다. 그러나 필자가 보기에 이 역시 간단명료하지 못하다.

사실 방법이나 기준이 여러 가지라는 것은 완벽한 하나가 없다는 것을 반증하는 것이다. 역으로 모든 사물과 이치가 하나의 원리로 꿰뚫어지는 것은 존재하지 않는다는 것을 역설적으로 증명하는 것이기도 하다.

그래서 하나의 기준으로 다른 세 가지를 분석한다는 것은 하나의 프리즘에 다른 세 가지를 통과시키는 것과 같다. 이 프리즘을 통해 다른 세 가지가 각각 어떤 빛을 분산해 내는지를 살펴보는 것은 대단히 의미 있는 일이라 생각된다. 프리즘은 육서이고, 이 프리즘을 통과하는 빛은 갑골문, 동파문, 수서이다.

象形이 각기 다른 민족과 시대에서 어떻게 구현되었으며, 어떻게 작용을 하고 있는가? 답은 프리즘이다.

[漢字, 東巴文, 水書의 六書 기준 비교]

六書 / 文字	象形		指事	會意	形聲	轉注	假借
한자	畫成其物	隨體詰詘	視而可識 察而見意	比類合誼 以見指撝	以事爲名 取譬相成	建類一首 同意相受	本無其字 依聲託事
	取象(대상의 특징을 파악) – 구상적 – 회화적 – 평면적 形象	構形(형체를 개념화 함) 추상의 선형화에 성공 典型	추상의 시각화에 성공	1[의미] + 1[의미] = 3 [제3의 의미] 도출 성공	1차 형성자 [형부+(형부+성부)] ⇨ 2차 형성자 [형부+성부] · 회의의 조자단계와 거의 동시에 발생	의미의 확대적 활용	발음의 독자적 활용
	회화에 치중	표의에 치중		제3의 의미라는 것은 곧 轉注의 시작	· 조자방법의 단순·간결화에 성공 · 조자의 수월성(편의성) 및 · 한자의 장기 생명력 확보	상형(구상) ⇨ 회의(1+1=3) ⇨ 전주(1≥1) · 상형의 본래 기능을 확장.	상형의 본래 기능을 재활용 ⇨ 즉 음성부호의 기능을 응용한 발상의 선환 (Paradigm Shift)
	문자의 시작 상형의 시작 예술의 시작			**문자의 절정** 1차 혁명 (형성자의 발견)		**문자의 완성** 2차 혁명 (상형자의 기능 확대 및 재활용)	
	구상적 의미의 시각화		⇨	시각[구상]과 청각[추상]의 혼합		⇨	추상적 의미의 청각화
水書	활성화	부분적으로 존재	한자를 활용함	한자를 활용함	水文에는 없음.	수많은 異體字로 존재함	水文에는 더러 있음.
東巴文	대단히 활성화	부분적으로 존재	존재함	존재함	哥巴字로 존재함	존재함, 그러나 전문적이지는 않음.	부분적으로 존재함.
	象形 日, 月		指事 上, 下	會意 武, 信	形聲 江, 河	轉注 考, 老	假借 令, 長

六書를 처음부터 끝까지 일관되게 꿰뚫고 있는 것은 다름 아닌 象形이다. 상형의 능력이 지사와 형성에까지 두루 작용하고 있으니, 가히 상형은 만사형통이라 해도 과언이 아니다. 상형으로 문자를 시작했으니 이는 사실 당연한 일이기도 하다.

1) 文字의 始作

그런데 상형이 문자로 존립하기 위해서는 우선 取象과 構形이라는 과정을 거쳐야만 한다. 取象은 개념을 문자화하고자 하는 대상의 특징을 면밀히 관찰하는 것으로부터 시작된다. 면밀히 관찰하되 간단하고 명료하게 그려내는 것, 이것이 構形이다. 구형이 복잡하면 문자로 사용하기에 적합하지 못하며, 구형이 애매하면 그 모양을 보고서도 여러 사람들이 동일한 개념을 유추하지 못한다.

그래서 회화적이며 평면적이었던 취상의 단계는 뜻밖에도 추상적인 線으로 구현된다. 추상적인 개념을 직선과 곡선으로 그려냈다. 抽象의 線形化에 성공한 것이다.

갑골문은 취상과 구형의 단계가 비교적 명료하게 구분된다. 취상의 단계라기보다는 구형의 단계에 접근하고 있기 때문이다. 반면, 동파문과 수서는 대단히 회화적이다. 특히 동파문은 더욱 그렇다. 이렇게 평면적인 회화는 갑골문처럼 추상적인 선형으로 구현되지 않았다. 여전히 대상을 세밀히 묘사하고 있으며, 그야말로 순박한 그림과 유사하다.

이 象形은 한계에 부딪힌다. '위(上)'나 '아래(下)' 같은 추상적인 개념을 나타내기가 쉽지 않았다. 여타 문명권에서 동일하게 시작한 상형문자가 멸망한 이유이다. 그러나 한자는 이 난관을 극복했다. 構形의 단계에서 線을 활용할 줄 알았던 造字者들은 다시 한 번 선, 그리고 점을 이용했던 것이다. 指事는 추상적인 개념을 시각적으로 구현해 낸 멋진 승리의 결과물이었다.

水書는 한자를 활용하여 指事字로 썼으며, 東巴文은 독자적인 指事字를 만들 줄 알았다.

여기까지가 문자의 시작 단계라 할 수 있다. 문자는 라스코 동굴의 예술과 함께 시작하였으며, 그 진정한 시작은 상형이었다.

2) 文字의 絕頂

개념의 상형에 성공하고, 그 한계를 극복한 造字者들은 이제 '물 만난 고기'가 아니라 '선과 점을 만난 문자'처럼 상형을 자유스럽게 활용하기 시작했다. 개념1과 개념1을 더하되 개념2가 아닌 제3의 개념을 도출해 내는 방법이다. 사람(人)의 말씀(言)이되 마이크를 거치는 말이 아닌 신뢰, 믿음의 뜻이 그것이다.[1)]

이러한 의미의 확장은 사실 轉注의 시작이다. 그래서 전주는 육

1) 허신은 會意의 예로 信과 武를 들었다. 그러나 武는 戈를 지고 가는 발 모양의 止가 결합된 글자이다. 허신은 이를 '止戈为武'라 분석하였는데, 경학자들은 싸움을 그치는 것이 武이며, 싸움을 그치도록 하기 위해 武를 키워야한다고 해석하였다. 이는 경학자들의 사상적인 해석일 뿐, 武라는 글자의 본질적인 의미에서 벗어난 것이다. 당초 조자의 개념은 '전쟁을 치르러 씩씩하게 걸어가는 병사의 발걸음'이었다.

서 중에서 가장 늦게 출현한 것이 아닌, 이미 상형의 단계부터 본의와 그로부터 확장된 다른 의미를 부여할 줄 알았음을 증명하고 있다.

그러나 이 회의는 치명적인 결함을 안고 있었다. 다름 아닌 발음의 상실이다. 의미의 활용과 확장에 치우친 나머지 상형 본연의 기능이었던 발음이 누락된 것이다. 얼굴과 이름을 모두 갖고 있었던 누군가가 이름을 잊어버렸다. 그 이름을 되돌려주어야 한다. 이때 造字者들은 다시 한 번 기발한 방법을 찾아냈다. 의미와 의미의 결합이되, 한쪽은 의미만을 나머지 한쪽은 의미뿐만 아니라 발음까지 겸비한 부호를 사용하는 것, 이것은 의미를 廣義와 細義로 더욱 분명하게 할 뿐 아니라 발음까지 나타내고 있으니 그야말로 만능의 문자를 드디어 만들어 냈다고 할 수 있다. 이것이 바로 形聲이다.

이 형성이라는 방법은 조자 방법이 사실 대단히 단순하며 간결하다. 그래서 어떤 개념이라도 쉽게 만들어 낼 수 있다. 즉, 부수에 해당하는 개념을 왼쪽에 세우고, 그 개념의 발음에 해당하는 글자를 오른쪽에 붙이면 된다. 이때 오른쪽의 글자가 처음에는 발음뿐만 아니라 개념까지 담당하고 있었으나, 점차 조자의 수월함을 위해 개념의 중복은 포기하고 오로지 발음만을 담당하는 부호로 대체되었다. 혼자서 두 기능을 담당했던 부담을 두 부호가 나누어 분담하고 있다.

이러한 조자의 수월함은 한자가 미래에도 계속 활발하게 그 생명력을 유지할 수 있는 기반을 확보한 것이기도 하다. 사실 이 형성자의 기능 역시 상형의 의미와 발음이라는 기능을 전문적으로 조합한 것이다.

水書는 한자를 활용하여 회의자를 만들고 있으나, 형성자는 보이지 않는다. 東巴文은 독자적으로 회의자를 만들고 있으며, 발음부호에 해당하는 哥巴字를 聲符로 활용하고 있다. 哥巴字는 전문적인 발음부호인데, 역시 형성의 원리와 유사하다.

3) 文字의 完成

드디어 문자는 절정을 넘어 완성의 단계로 접어든다. 이미 상형의 기능을 전문적으로 조합하는 형성의 단계를 터득한 造字者들은 의미와 발음을 각각 확장시키고 독자적으로 활용하기에 이른다.

더 이상 새로운 글자를 만들 필요가 없게 된 것이다. 이미 존재하고 있는 글자에 의미를 확장시키는 것이 轉注이며, 발음만을 따로 떼어내서 활용하는 것이 假借이기 때문이다.

그래서 전주는 본래 1의 의미였던 것이 1보다 더 많은 개념을 갖게 되었으며, 가차는 본래 음성의 부호로 기록하였던 모양을 발음으로만 사용할 수 있게 되었다.

水書에서 轉注는 수많은 이체자로 존재하면서 다양한 의미의 확장을 담아내고 있다. 東巴文에서도 전주의 기능이 보이기는 하나 전문적이지는 못하다.

假借는 水書에 더러 보이나 많지는 않으며, 東巴文에서도 부분적으로 존재하고 있다. 사실 가차가 많아지면 상형문자에서 의미가 혼동되기 쉽다.

제 1 장

甲骨文과 東巴文, 水書

象(前3·31·3)

甲骨文과 東巴文, 水書

1. 先行硏究와의 比較 硏究

아직까지 甲骨文, 東巴文, 水書라는 세 개의 문자를 하나의 주제로써 비교연구한 성과는 없다. 그래서 본 연구는 우선적으로 이들 각각의 문자를 토대로 연구한 성과를 바탕으로 하여 종합적인 비교연구를 진행할 것이다. 단, 동파문이나 수서를 연구한 논문과 저서는 비교적 많은 편이기 때문에 본 연구는 象形性을 중심으로 비교연구를 진행하기 때문에 각 문자의 상형성에 초점을 맞추어 연구 성과를 검토하였음을 밝힌다.

지금까지의 연구 성과[2]는 갑골문 및 동파문, 수서 각각의 독자적인 연구일 뿐, 이들을 象形性이라는 하나의 기준을 가지고 종합적으로 비교연구한 성과는 아직까지 전혀 없다.

---

2) 상세한 문헌적 사항은 참고문헌에서 열거하고 있다.

본 연구는 甲骨文과 東巴文, 水書가 문자의 제자 원리상 공통적으로 갖고 있는 특징, 즉 象形性을 비교 연구하고자 한다. 상형이라는 문자제작방법은 허신이 『說文解字·序』에서 '仰則觀象於天, 俯則觀法於地, 視鳥獸之文與地之宜, 近取諸身, 遠取諸物.(우러러 하늘에서 상을 관찰하고, 굽어 땅에서 법을 살폈으니, 새나 짐승의 문양과 땅의 마땅함을 보아, 가까이는 몸에서 취하고, 멀리는 만물에서 취하였다.)'이라 말했듯이 직관적으로 물체를 형상화하는, 그래서 인류가 갖는 문자 기원의 공통된 특징이기도 하다. 다시 말하여 다른 시대, 다른 지역, 다른 민족 그리고 다른 언어를 사용하는 사람들일지라도 객관적인 현상에 의거하는 방법으로써 상형이라는 조자방법을 통해 문자를 만들었으며, 그 의미와 방법은 기본적으로 동일하다고 볼 수 있다. 그러나 甲骨文, 東巴文, 水書를 상형이라는 하나의 관점으로 비교연구를 한다는 점에 있어서 대단히 의미가 있다고 하겠다. 특히 현재 漢族을 포함하여 중국의 56개 민족 가운데 상형의 방식으로 문자를 제작하고 현재까지 사용되고 있는 문자는 이 세 문자밖에 존재하지 않는다는 점에서 의미가 크다.

이들의 상호비교연구는, 중국내에 존재할 뿐 아니라 현재에도 사용이 되고 있는 '살아있는 화석'의 문자라는 점에서 반드시 시도되어야 할 필요성이 있다. 이때 필요한 비교의 방법이 곧 상형성이라는 기준이라 할 수 있다.

2. 繪畫문자에 반영된 文化的 記號 고찰

학자들은 글자가 그림에서 시작되었을 것이라는 상식적인 생각에 동의한다. 사람, 소, 나무 등의 회화문자보다 '읽기' 쉬운 것으로 무엇이 있을까? 그러나 사실 회화문자는 보기와 달리 그리 단순하지 않다. 만약 중국 초기의 회화문자들, 즉 갑골문(기원전 1,300년~기원전 1,100년)[3]과 수메르의 회화문자(기원전 3,000년경) 가운데 동일한 의미의 글자들을 놓고 각각의 의미를 추측해 보거나 혹은 두 가지를 비교해 본다면 우리는 과연 그 의미를 알아내기가 쉬울까?

회화문자의 분석과 관련해서는 몇 가지 실제적인 어려움이 있다.

첫째, '한 기호가 회화문자가 되는 기준점은 어디인가?'라는 문제이다. 역으로 말하면 '회화문자는 어느 선까지 추상화될 수 있는가?'이다. 한자의 水를 예로 들면 다음과 같다.

---

3) 현재 商왕조의 건국과 멸망연도에 대한 史書의 확실한 기록이 없기 때문에, 漢代 이후 학자들은 갑골문의 출현 시기를 대략 기원전 1,700~기원전 1,100년경으로 추정하고 있다. 결국, 갑골문의 시기는 어림잡아 기원전 1,300년에서 기원전 1,100년으로 볼 수 있다.

字形							
字體	甲骨文		金文		篆書		
					木簡	周, 石鼓文	漢, 說文解字

字形					
字體	隷書			草書	
	漢, 礼器碑	漢, 西嶽崋山廟碑	隷變	隋, 智永 真草千字文	唐, 懷素 自叙帖

표1. 한자 水의 字形의 演變

인류의 거의 모든 문자는 그 처음이 상형문자였다. 그러나 그것이 문자라는 지위에 오르기 전에는 그저 동굴에 그려진 그림이었으며, 토기에 새겨진 부호였었다. 그것이 어느 순간 소위 정보를 저장하고 전달하는 문자로서의 기능을 했으며, 형체와 구조에서도 일정한 규칙을 갖게 되었다. 비로소 문자가 된 것이다.

그런데 비록 간단한 자형의 글자라 할지라도 초기의 회화성은 시간이 지날수록 추상화되었다. 특히 한자는 초서에 이르러서 그 추상성은 소위 서법의 표현주의라고 일컬어질 정도로 극한 추상화를 보여주고 있다. 다시 말해 초기의 회화적인 모양은 이미 온데간데없이 사라져 버렸다. 이제 남은 문제는 이 추상화가 어느 정도까지 진행될 것인가? 그리고 이 추상화를 발전이라고 부를 것인가, 아니면 시간의 흐름에 따른 변화라고 보아야 할 것인가? 그렇다면 대략 3,300년의 역사를 가진 한자는 현재 어느 정도 추상화되었는가? 과연 상형문자로서의 한자는 초기의 회화성을 완전히 탈피하였는가? 등이다.

둘째, 회화문자의 의미가 '일반화'로부터 어디까지 '관념의 연상'이 가능한가?

字形							
字體	甲骨文		金文		東巴文	水書	현대 기호

표2. 立의 漢字, 東巴文, 水書, 현대기호 비교

예를 들어 남자가 어떤 선 위에 서 있는 그림은 남자 개인부터 남성 전체를 의미할 수 있다. 그런데 이것은 또한 '서다', '기다리다', '외로이' 또는 '남자 화장실'을 상징할 수도 있다. 마찬가지로 '보리'에 대한 수메르 기호는 아예 다른 종류의 곡식 작물을 의미할 수도 있고, 모든 식물을 의미할 수도 있다.

위의 갑골문과 금문은 사람의 정면 모습과 그 사람이 서 있음을 의미하는 지면을 사람의 발아래에 그리고 있다. 동파문은 그러나 발을 강조하여 일반적인 사람인 과 구별하고 있다. 반면 水書는 山의 모양 같기도 하지만 엄격히 말하면 한자의 立자를 모방한 듯하다. 水書의 특별한 경우를 제외하고 현대기호를 포함하여 모두 '서 있는 사람'의 모습을 형상화하는 데, 즉 일반화하는 데 성공하였다. 즉, 우리에게 관념을 연상시켜 준다. 그리고 그 관념은 사람들이 느끼는 바가 대부분 크게 다르지 않다.

그러나 현재까지 여러 개념들이 누적된 결과물인 21세기의 字典을 보면 그 의미가 사뭇 여러 가지이다.

立의 한자사전 :

1) [동사] 서다.
2) [동사] (조직·기구 따위를) 창립하다. 설립하다. 세우다.
3) [부사] 곧. 즉시. 바로. 금방.
4) [동사] 바로 세우다.
5) [동사] (조약·계약 따위를 서면으로) 체결하다. 맺다. 제정하다.
6) [동사] 생존하다. 존재하다. 존립하다.
7) [동사][옛말] (군주가) 즉위하다.
8) [동사][옛말] (어떤 지위·명분을) 세우다. 임명하다. 지명하다. 선정하다.
9) [형용사] 직립의. 바로 선.
10) [명사] (Lì) 성(姓).

(『現代中韓辭典』, 2008年)

立의 東巴文자전 :

– 站立(서다).

(『东巴常用字典』, 2004年)

– 立也, 象人用足而立(서다. 사람의 발을 이용하여 서다라는 것을 그렸다).

(『纳西象形文字谱』, 1981年)

立의 水書자전 :

1) laŋ^{35}, tjem^{13} ① 立(站立, 서다) ② 單身

2) ʔjon^{13} ① 站立 ② 作證(증거로 삼다) ③ 盼望(간절히 바라다)

(『水書常用字典』, 2007年)

위의 자전들에서 보이듯이 일반적인 사람의 서 있는 모습으로부터 같은 상형문자임에도 한자는 특히 다양한 의미로 확장되었다. 이를 문자학에서는 轉注 혹은 引伸이라는 개념으로 정의한다. 반면 동파문과 수서는 본래의 의미로부터 크게 나아가지 않았다. 한자는 충분히 관념의 연상을 발전시켰다. '5) 체결하다. 6) 생존하다. 7) (군주가) 즉위하다. 8) (어떤 지위·명분을) 세우다. 임명하다.' 등은 그 현상이다. 이는 글자가 처음 만들어질 시기의 제1차적 의미[本義]를 넘어서 대단히 다양한 갈래의 의미[引伸義]로 확장되었음을 의미한다.

한자는 관념의 연상이 활발한 반면, 동파문과 수서는 왜 그렇지 않았을까? 한자는 '관념의 연상'을 이보다 더 넓게 혹은 깊게 확장할 수 있을까? 동파문과 수서의 경우는 어떠할까?

셋째, 이러한 회화문자의 문화적인 차이에서 그 의미가 어떻게 표현되는가?

사실 회화문자는 문화적인 면에서 차이가 있기 때문에 각 문자의 특징에서 그 의미를 추론해 내기가 쉽지 않다. 예를 들어 '소'는 서양에서는 우유와 고기를 연상시키지만, 인도에서는 힌두교 신자들에 의해 신성시하여 도살할 수 없는 동물이다. 반면에 한자문화권 특히 중국에서의 소는 祭物에 사용되는 동물이었다. 결국, 소의 회화문자는 문화에 따라 모양과 함축된 의미가 다르다고 할 수 있다.

중국의 경우는 갑골문의 한자, 나시족의 동파문, 수족의 수서가 현재 하나의 국경선 안에 있다. 그들은 동일한 시기와 지역에서 생활하며 교류하고 있는 것이다.

그러나 우리의 觀點과 視點은 위의 세 상형문자들이 지금처럼 하나의 국경 안에 존재하기 전의 상황이다. 서로 다른 역사와 문화적 관계 혹은 침략과 방어의 관계, 전파와 수용의 관계로부터 이들은 자신들의 얼굴과 모습이 반영된 글자에 그들의 생각과 개념, 그리고 철학을 어떻게 표현하였을까? 답을 찾아 떠난다.

3. 甲骨文이 아닌 또 다른 象形文字

한자의 기원에 회화문자가 중요한 역할을 했다는 사실은 누구도 의심하지 않는다. 그러나 이것이 초기 기호의 형성에서 압도적인 원칙이었던 것은 아니다. 즉, 확실히 회화문자인 경우에도 그 圖像은 가변적이었다고 할 수 있다. 예를 들어 위의 표1)과 표2)에서 보듯이 甲骨文과 金文, 그리고 小篆體를 잇는 일련의 과정과 동파문, 수서 및 현대기호에서 동일한 의미의 글자들은 조금씩 그 모양이 변해왔다.

갑골문은 주지하다시피 象形을 문자 제작의 기본원리로 삼고 있다. 그런데 상형을 바탕으로 한 문자는 한자 이외에, 현재까지 중국 내에서 사용되고 있는 소수민족 문자인 納西族의 東巴文字와 水族의 水書가 있다.

중국 경내에는 漢語를 제외하고도 여러 언어가 존재한다. 이렇게 여러 종류의 언어가 존재한 것은 최소 1,400년 전에 시작[4]하였는데, 그렇다면 과연 이러한 중국의 여러 민족이 사용하는 언어는 모두 몇 개나 될까? 아쉽게도 언어학자들은 아직까지 정확한 수치를 제시하지 못하고 있다. 다만, 해외의 몇몇 학자들은 중국 경내에 최소한 100여 종의 언어가 존재한다고 하며, 혹은 중국내의 자료인 『中國大百科全書·民族卷』과 馬學良 선생이 주편한 『語言學概論』에 의하면 중국의 56개 민족이 사용하는 언어는 약 80여 종이라고 한다.[5)]

그러나 현재까지 연구된 일반적인 결과로는 56개의 민족이 59종의 언어문자를 가지고 있는 것으로 거론되며, 이 가운데 31개의 민족은 언어문자가 없다. 언어문자를 보유하고 있는 나머지 25개의 민족 가운데 상형문자는 한자를 포함하여 東巴文字와 水書 뿐이다.

4. 納西族의 東巴文字

중국 雲南省 서북부 麗江지역의 納西(Naxi)族들이 사용하는 東巴文字 혹은 納西文字라 불리는 상형문자는 현재까지 그 원형을 거의 그대로 유지한 채 사용되고 있다. 이 東巴文은 19세기 말엽에 세상에 알려졌으며, 모든 자형을 상형의 방법으로 써낸 대단히 원시적

4) 기원후 400년 전후로 중국을 통치한 남북조의 하나인 북방의 北魏가 鮮卑族에 의해 건립되면서부터이다.

5) 그러나 이 80이라는 수치 또한 어림수로서, 이는 언어학 분야에서 전면적인 연구가 이루어지지 않은 까닭이며, 설령 '언어'로 분류하더라도 일종의 방언으로만 치부할 뿐 독립적인 언어로는 분류하지 않은 점에 있어서도 정확한 결론을 내기 어려운 상황이다.

인 문자이다. 納西族이 믿는 東巴教의 巫師들이 그들의 經典을 쓰는데 사용되었기 때문에 東巴文字라고 불리며, 이 東巴文을 漢語로 音譯한 '森究魯究'는 '나무나 돌에 새긴 표기(木石之標記)'라는 뜻으로서, '나무를 보면 나무를 그리고 돌을 보면 돌을 그린다.'는 의미이다.

東巴文의 예

納西 東巴文字가 언제 창제되었다는 것은 史籍에도 명확한 기록이 없다. 다만, 納西族의 東巴에 의해 지금까지 전해져 내려오며, 文字의 겉모습만 보면 이미 사라져버린 원시문자 이전의 그림 정도로 인식하기 쉽다. 그러나 이것은 형체[形], 발음[音], 의미[意]를 모두 갖추고 있기 때문에 문자학적인 측면에서 보아도 틀림없는 문자이다. 동파문자의 몇 가지 예를 들어보면 다음과 같다.

東巴文	의미 및 구성	漢字
	한 짝으로 된 문을 본떴다.	門
	의부인 해의 자형과 성부인 소리를 결합하여 동쪽을 나타냈다.	東
	의부인 땅의 자형과 성부인 소리를 결합하여 아래를 나타냈다.	下
	둥글게 만물을 뒤덮는 모습을 본떴다. , , 로도 쓰는데 이는 하늘에 구름이 있는 모양이다.	天
	하늘과 바람의 자형을 결합하여 바람의 계절인 봄을 나타냈다.	春
	사람의 자형에 여자용 모자를 결합해 성인 여자를 나타냈다.	女
	눈 자형에 두 개의 직선을 더해 보인다는 뜻을 나타내고 있다. 로도 쓴다.	見

동파문자의 몇몇 例字
(출처 : 方国瑜 編撰·和志武 參訂, 『纳西象形文字谱』, 1981.)

갑골문의 상형이 객관적 사물인 天象·자연현상·동식물·인체의 부위·거처·기물 등의 가시적 모습을 여러 각도에서 살펴 그 특징을 간략한 선으로 형상화하여 나타내고 있는 것이라면, 나시 상형문자는 그보다 훨씬 회화적으로 사물의 형태를 상세하게 표현하고 있다. 마치 어린아이의 그림처럼 사물의 대표적인 특징을 대단히 구체적이면서도 생동감 있게 그대로 형상화하고 있으며, 동시에 전체적인 모습을 본뜨거나 사물의 일부분만을 본떠 그 의미를 나타내고 있다.

이에 대한 상세한 분석과 연구는 3章에서 이어진다.

5. 水族의 水書

水書는 水族의 고대문자로서 수족들은 '泐睢(le^{124}sui^{33})'라 칭하는데 '泐'는 '문자', '睢'는 '수족'이라는 뜻으로 결국, 水族의 문자 또는 水族의 글, 즉 水書라는 의미이다. 일상생활에서는 사용하지 않고 水族의 巫師가 택일을 한다든가, 풍수지리를 볼 때 사용했는데 현재 500여 자가 전해진다.[6] 그 중 일부의 모양은 한자를 反寫한 것이며, 어떤 것은 상형문자와 유사해 사물의 형상을 묘사하기도 했는데, 예를 들면 다음과 같이 새나 물고기 같은 것은 그대로 그림으로 나타냈다.

6) 글자 수에 대해서는 韋世方 編著, 『水書常用字典』(2007)을 참조하였다. 이 자전은 모두 468개의 單字를 표제자로 싣고 있으며, 1,780개의 異體字는 포함하지 않고 있다. 글자의 개수에 대한 상세한 논의는 4장에서 다루고 있다.

水書	의미 및 구성	漢字
	한자의 門과 유사하다.	門
	한자 東의 흘림체와 유사하다.	東
	한자 山에 선을 추가하여 방향을 나타냈다.	下
	한자의 天과 유사하다.	天
	한자의 春과 유사하다.	春
	한자의 女와 유사하다.	女
	두 눈을 그렸다.	看
	새의 모양을 그대로 그렸다.	鳥
	물고기의 모양을 그대로 그렸다.	魚

水書의 몇몇 例字
(출처 : 韋世方 編著, 『水書常用字典』, 贵州民族出版社, 2007.)

水書는 굴속에 살면서 푸른 돌 판에 문자를 만들고 그 문자로 길흉을 헤아렸다고 전설로 전해지는 陸鐸公이라는 사람이 창조했다고 한다. 그래서 수서는 일반적으로 점술용의 책으로 여긴다. 수서가 만들어진 시대에 대해 학자들은 夏나라까지 올라갈 수 있을 뿐만 아니라 수서와 갑골문, 금문과 연관이 있음을 인정하고 있다. 이후 소수민족의 이동과 관련하여 수족 언어문화가 하나의 원류에서 분화가 시작되었고, 그 후 다시 흡수와 융합의 과정을 거치면서 현재의 수서로 존재하고 있다.

이와 같은 이유로 인해 일부 漢族은 수서를 아예 '反寫'라고도 칭한다. 이는 水書 자체의 字符가 대단히 적어 水語의 실제를 반영할 수 없을 뿐만 아니라, 현재 水書를 인지하는 사람 역시 소수여서 결국, 수서는 체계적인 문자체계라고 볼 수 없다는 이유 때문이다. 현재에도 수서를 사용하는 인구는 갈수록 감소하고 있다.

그러나 水書는 甲骨文과 金文의 고대부호와 유사하며, 수족의 고대 天文·民俗·倫理·哲學·美學·法學 등의 문화 정보를 기재하였기 때문에, 동파문자와 마찬가지로 상형문자의 살아 있는 화석으로 불린다. 또한, 수서는 수족 서적의 통칭이기도 하다. 즉, 수족의 '易經'·'百科全書'라 불리며 이는 수족의 유원한 변천과 소수민족으로서의 험난한 역사의 중요한 전적인 것이다.

몇 천 년이래 수서는 그 신비한 문자구조와 특수한 용도 때문에 일종의 압박과 제한을 당한 문자가 되어 민간에서 힘들게 명맥을 유지하고 있는 것이다.

수서에 대한 연구 역시 4章에서 이어질 것이다.

제 2 장

甲骨文과 象形文字

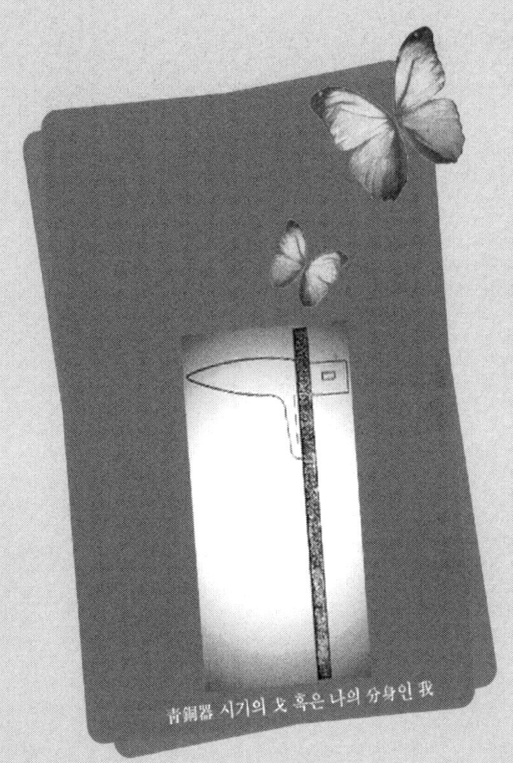

甲骨文과 象形文字

제1절 象形이란?

한자는 상형자로부터 시작해서 현재 상형자로 존재하고 있다. 물론 현재의 한자는 육서로 구분하여 볼 때 형성자가 약 70% 이상을 차지할 정도이다. 이렇게 형성자가 압도적으로 많다면 한자를 상형문자가 아닌 형성문자라 불러야 할 것이다. 그럼에도 불구하고 한자를 상형문자라 부르는 이유는 다음과 같다.

첫째, 우선 漢字는 그 시작이 甲骨文이라는 象形文字 단계로부터 출발하였기 때문이다. 이는 다른 고대 문명권에서 처음 사용된 문자가 상형문자라는 점과 같다.

둘째, 漢字는 象形이라는 獨體字를 근간으로 한다. 指事字는 상형자에 抽象的인 기호가 부가된 것이며, 會意字는 의미 부호인 상형과 역시 의미부호인 상형이 결합하여 제3의 의미를 만들어 내는 데 성공한 조자방법이며, 形聲字 또한 形符와 聲符라는 그러나 그것이 의미와 소리를 나타내기 이전에는 역시 獨體의 상형자였던 부호들이 결합하여 이루어진 글자이다.

결국, 指事字, 會意字, 形聲字는 모두 象形이라는 符號를 어떻게 활용했느냐에 따라 그 구조와 역할이 달라진 것뿐이다. 이때 상형은 지사자와 회의자에서 의미부호로 작용했지만 형성자에서는 소리부호로서도 역할을 하고 있다. 심지어 매우 회화적인 문자여서 한 번 보아 그 의미를 알 수 있는 것이라 하더라도, 이는 본래 소리를 기록하기 위한 수단이었음을 우리는 결코 간과해서는 안 된다. 알파벳 문자로 대표되는 表音文字는 소리를 담는 부호가 그림이 아닌 추상적인 記號였다는 점만 다를 뿐이다. 초기 인류에게 소리를 담는 부호로는 그림이 가장 쉽게 쓸 수 있는 글자였기 때문이다.

轉注字는 독체의 상형자에 여러 의미가 불어나는 것이며, 假借字는 상형자의 본래 기능이었던 표음문자로서의 역할을 재확인한 것이다.

그래서 한자는 시기적으로나 구조적으로나 상형으로부터 시작해서 상형으로 완성되는 문자라 할 수 있다. 또한, 갑골문의 상형자가 어떻게 구성되어 있는가를 살피는 것이 허신의 육서를 넘어 한자의 구조를 살피는 데 매우 중요하다.

1. 『說文解字』의 六書와 限界

이 저서는 상형이라는 기준으로 갑골문을 포함하여 현재 중국 안에 존재하고 있는 상형문자인 동파문과 수서의 象形性을 분석하는 데 그 목표가 있다. 이에 象形이 무엇인가에 대한 정의가 필요하다. 우선 甲骨文의 象形을 알아보기 위해 중국 문자학의 시조라 할 수 있는 許愼의 『說文解字』(後漢, 和帝 永元 十二年, 기원후 100년)에 실린 六書에 대한 정의부터 분석해 보고자 한다.

그러나 갑골문 및 한자에 대해서는 연구가 많이 누적되었기 때문에 일반론적인 이야기는 줄이되, 본 저서에서 다루고자 하는 상형에 대한 논의를 중점적으로 기술할 것임을 밝힌다.

'六書'說은 許愼의 『說文解字』 이전부터 있었다. 즉, 戰國시기 말기부터 사용되었는데, 전국시대에 성립된 것으로 보는 『周禮·地官·保氏』에 처음 보인다. 그 이후 西漢 말기에 와서야 비로소 六書에 대한 항목이 기재되고 있는데, 당시까지의 문헌과 관련된 사항을 낱낱이 기록한 劉歆의 『七略』과 班固의 『漢書·藝文志』가 그것이다. 그러나 이 두 전적에서도 육서의 명칭과 순서만 기록하고 있을 뿐 육서가 무엇인지에 대한 자세한 설명이나 정의는 없다.

결국, 허신에 이르러 처음으로 六書에 대한 정의를 내리고 있으며, 그는 저서에 수록된 9,353자를 六書의 원칙에 의해 분석하고 있다. 필자가 이렇게 六書 사용의 유래에 대해 장황하게 언급하는 이유는 漢字에 대한 연구가 한자의 역사에 비해 그다지 빠르지 않

않음을 말하기 위해서이다. 한자는 주지하다시피 甲骨文에서 그 기원을 찾는다. 그런데 갑골문은 기원전 13세기의 자료이니, 허신의 『說文解字』가 기원후 100년에 편찬된 자료임을 고려하면 근 1,500년 만에 그 대상에 대해 연구를 시작한 것이다.

그러나 이 역시 한계를 태생적으로 가지고 있었다. 즉, 허신은 갑골문은 접하지 못했을 뿐 아니라 그 존재도 알지 못했다. 갑골문이라는 것을 처음으로 인지하고 그것이 한자의 전신이라고 생각한 것이 1899년 淸나라의 국립도서관 관장격인 國子監의 祭酒(좨주)였던 王懿榮으로부터 시작되었으니, 한자를 분석함에 있어 그 발생초기의 문자를 대상으로 하지 못한 허신의 六書 역시 이러한 한계를 안고 있을 수밖에 없었음을 의미한다.

이는 다시 말하면 우리가 현재 한자의 구조에 대해 사용하고 있는 六書는 隸書가 활발히 사용된 漢代에 내려진 정의이며, 비록 허신이 隸書를 배제하고 기원전 221년에 통일된 秦의 小篆體를 표제자로 삼았다 하더라도, 이 역시 갑골문으로부터 1,000년이나 지난 후의 글꼴을 대상으로 한 연구라 할 수 있다.

하지만, 허신의 六書에 대한 정의와 분석은 어쨌든 한자 연구사에 있어서 초유의 일이다. 그리고 六書라는 용어가 허신 이전에도 사용되었다는 것은 당시 학자들의 개념 속에 한자를 이해하고자 하는 시도가 있었으며, 막연하게나마 한자가 어떻게 이루어졌는가에 대해 의문과 인식을 하고 있었다는 의미이기도 하다. 그래서 우리는 이 허신의 六書에 대해 정확히 알아야 할 필요가 있는 것이다. 또한 이 六書를 기점으로 그 전후의 字體를 연구할 수밖에 없는 절실함이 있는 것도 사실이다.

이에 필자는 다음과 같이 육서에 대해 분석하고자 한다.

2. 六書의 숨은 意味

許愼은 『說文解字·序』에서 六書에 대해 정의를 내렸다. 필자는 이 여덟 글자로 이루어진 정의에 겉으로는 드러나지 않는 깊은 의미가 숨어 있다고 생각된다. 그 숨은 의미를 찾아보자.

> **一曰指事, 指事者, 視而可識, 察而見意, 上下是也.**
>
> 첫째는 指事이다. 지사란 보아서 분별할 수 있고, 살펴서 뜻을 알 수 있는 것으로서, '上과 下'가 그것이다.

視而可識이란 지사자가 대부분 상형자에 바탕을 두고 이루어지기 때문에 一見 그 의미를 알 수 있으나, 다시 察而見意해야 하는데 이는 상형자에 더해진 선이나 점 등의 추상 부호가 있음을 의미한다. 결국, 일차적인 目睹와 이차적인 觀察이 필요함을 허신은 강조한 것으로 생각된다.

> **二曰象形, 象形者, 畵成其物, 隨體詰詘, 日月是也.**
>
> 둘째는 象形이다. 상형이란 어떤 물건을 그려내는데, 형체에 따라 (篆書처럼) 꼬불꼬불하게 하는 것으로서, '日과 月'이 그것이다.

畵成其物이란 상형자가 눈에 보이는 그대로 사물을 그려냈음을 의미한다. 그러나 결코 무작정 눈에 보이는 것을 그대로 그렸다간 문자가 아니라 그림이 되어 문자가 대단히 기록하기에 번잡하게 되어 버린다. 이때 바로 사물의 形象에 대한 典型을 포착하는 단계가 隨體詰詘이다. '詰詘'을 단순히 허신이 표제자로 삼은 小篆體의 꼬불꼬불한 모양으로 직역할 수도 있지만, 이 의미를 넘어서 이 '典型'이라는 역할을 허신이 표현한 것으로 생각된다. 典型은 model, icon, 발췌, 표준, 본보기, 요약, 大義 등의 의미로 이해하면 된다.

三曰形聲, 形聲者, 以事爲名, 取譬相成, 江河是也.

셋째는 形聲이다. 형성이란 사물을 이름(의미=形符)으로 삼고, 비슷한 것(소리=聲符)을 취하여 (둘이) 함께 이루는 것으로서, '江과 河'가 그것이다.

以事爲名은 개념(事)을 의미(名)로 삼는다는 의미이다. 그리고 取譬相成이란 단순히 聲符가 취해져서 소리를 나타낸다고 볼 수도 있지만 나아가 그 譬喩가 서로 함께 이루어진다는 의미로서 江과 河처럼 會意兼形聲字를 허신은 강조하고자 한 것으로 추측된다.

江은 氵와 工이 합쳐진 글자인데, 이때 工은 무언가를 뚫는 도구의 모양이면서 물이 흘러 바위를 뚫고 계곡을 이루는 의미도 담고

있다. 즉, 聲符 뿐만 아니라 形符의 역할도 하고 있으며, 河 역시 氵와 可가 합쳐진 글자로서 可는 갑골문에서는 물줄기를 묘사한 모양으로서 聲符 뿐만 아니라 形符의 역할도 겸하고 있다. 이런 글자들은 의미와 의미의 결합으로 보면 會意字이고, 의미와 소리의 결합으로 보면 形聲字인데, 글자 우변이 의미와 소리의 역할을 겸하고 있기 때문에 會意兼形聲字라고 한다. 허신이 참조했을 小篆體를 보면 더욱 그렇다.

四曰會意, 會意者, 比類合誼, 以見指撝, 武信是也.

넷째는 會意이다. 회의란 비슷한 (둘 이상의) 종류를 모아 의미를 합쳐서, 가리키는 바를 나타내는 것으로서, '武와 信'이 그것이다.

比類合誼란 두 형부를 결합하되, 이 字符들은 개념상 동일한 범주에 들어야만 한다는 것이 比類이며, 그래야만 회의자라는 조자방법이 성립한다는 의미를 合誼로 표현한 것으로 이해된다. 그 결과 가리키는바 즉, 指撝가 드러날 수 있다.

五曰轉注, 轉注者, 建類一首, 同意相受, 考老是也.

다섯째는 轉注이다. 전주란 (비슷한) 부류를 세우고 머리(부수)를 하나로 하여, 같은 뜻으로 서로 받아들이는 것으로서, '考와 老'가 그것이다.

이 轉注에 대해 지금까지 학계에서는 그 의미가 가장 애매하며 해석이 어렵다고 인식해 왔다. 그러나 필자는 轉注라는 글자 자체에 해답이 있다고 생각된다. 즉, 轉은 수레바퀴가 굴러가는 것이며, 注는 물줄기가 흘러가는 것이다. 수레바퀴의 굴레는 계속 회전하면서 맴돌지만 결코, 제자리에 있지 않다. 더 쉬운 예로 수레 굴레에 붙어 있는 껌은 수레바퀴로서는 동일한 위치이지만, 껌으로서는 먼 길을 지나오면서 여러 가지 이물질이 묻어 부피와 무게가 증가하였을 것이다. 하지만 원래의 성질 즉 본질이 변한 것은 아니다. 바로 이 껌처럼 원래의 의미로부터 새로운 의미가 불어나되 결코 본질은 잃지 않은 채 끝까지 간직하고 있는 역할이 轉의 의미이다. 수레바퀴는 굴러야 먼 길을 갈 수 있는 것처럼, 한자 또한 시간이 흐름에 따라 그 의미가 확장되는 것이 당연하다. 注도 원래의 水源에서 발원한 물방울 하나를 떠올리면 된다. 이 물방울은 물방울이긴 하지만 시냇물을 지나 계곡을 흐르고, 바위를 깎으며 다른 물줄기와 만나거나 비와 눈을 맞는다. 이 역시 본질은 변하지 않은 채 다양한 성분이 더해지고 섞어지는 역할을 注의 의미로 보면 된다.

허신은 이에 대해 설명을 추가하였는데, 建類一首란 동일한 부류 혹은 테마[類]에서 하나의 공통되는 요소[一首]를 세워야[建] 한다는 의미인데, 소전체의 考와 老를 보면 하단의 모양만 다를 뿐 나머지 字符의 모양은 동일하다. 갑골문으로 확인해도 이 考와 老 모

두 머리카락이 길어 부족의 연장자이거나 우두머리임을 확인할 수 있으며, 考와 老는 결국, 同源字였음을 알 수 있다.

나아가 同意相受란 考 ⇆ 老의 의미로서, 연장자는 사고가 깊으며, 사고가 깊어지기 위해서는 세월과 경험이 필요하다는 뜻이다. 즉, 서로 의미가 연관되어 있다는 것을 허신이 강조한 것으로 생각된다.

六曰假借, 假借者, 本無其字, 依聲託事, 令長是也.

여섯째는 假借이다. 가차란 본래 그 글자가 없으므로, 소리에 의거하여 일(의미)을 기탁한 것으로서, '令과 長'이 그것이다.

假借의 해석은 어렵지 않다. 어떤 의미를 나타내고자 하는 글자가 없는데, 이때 의미는 무시한 채 소리만 빌려서 새로운 개념을 부여한다는 뜻이다.

비록 해석은 간단하지만, 그러나 이 가차의 개념은 발상의 전환이자 한자 본연의 기능을 부활시킨 점에서 대단히 중요하다. 즉 의미글자인 한자를 의미는 무시한 채 발음기호로만 사용한 것으로서, 다른 문자와 마찬가지로 한자 역시 소리를 담기 위한 부호로서 시작되었으며, 그 역할을 재확인한 것이라 볼 수 있다. 다만, 한자는 소리를 담는 그릇에 그림이 그려져 있었기 때문에 훗날 사람들이 상형문자 혹은 뜻글자라고 생각하게 된 것이다.

이상이 허신의 六書에 대한 설명이다. 이렇게 상세히 설명하는 이유는 한자에 대한 연구가 시작된 시기의 관점이기 때문이다. 이는 한자의 기원에 가장 가까운 시기에 천재적인 학자의 연구 결과이며, 이 정의는 清代의 許學으로까지 이어졌으니 중국의 文字史에 있어서 試金石임에 틀림이 없다.

하지만 순도 100%의 가치를 검증한다고 굳게 믿어왔던 이 시금석에 균열이 생겼다. 바로 清代 1899년에 발견한 甲骨文이다. 이 갑골문은 『說文解字』를 다시 검증하게 하는 기준이 되어 허신의 오류, 아니 당시 한자학에 대한 오류를 찾아냈고, 다시 바로 잡는 역할을 하게 되었다. 그러나 이는 허신의 오류가 아니다. 허신은 그 누구보다도 먼저 소전체 이전의 자형에 글자의 本義가 있음을 알고 절실하게 秦代와 그 이전의 글꼴들을 찾는 데 열심이었기 때문이다. 허신이 생존했던 시기에 갑골문을 인지했었다면 한자의 역사는 지금과 현저히 다를 것이다.

그렇다면 과연 허신으로부터 대략 1,400년, 지금으로부터 3,300년 전의 갑골문은 六書의 기준에 맞아떨어질까? 한자가 갑골문으로부터 이어져 왔다면 분명히 맞아야 한다. 맞지 않다면 갑골문은 한자의 전신이 아니며, 한자는 갑골문으로부터 이어져 오지 않은 다른 기원을 갖고 있는 문자가 된다.

그러나 우리가 착각해서는 안 될 사항이 있다. 갑골문을 후대의 조자분석방법인 六書를 기준으로 분석하는 것은 시대적으로 역행하는 것이라는 점이다. 마치 자동차의 원리를 가지고 고대 수레의 원리를 분석하는 것과 같아 모순이다. 즉, 갑골문의 조자방법이 후대의 한자에 어떻게 연변되어 왔는가를 살피는 것이 주목적이자

방법이 되어야 한다.

허신이 小篆體 이전의 자형을 찾고자 했던 것처럼, 우리는 甲骨文을 만나러 떠난다.

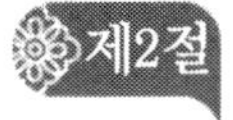

제2절 甲骨文의 象形字

許愼이 『說文解字』에서 '六書'를 분석하고 분류한 이래, 후대 학자들은 심층적인 연구를 진행해 왔다. 특히 象形字에 대해서 더욱 그렇다. 象形字를 南宋의 鄭樵[1]는 正生과 側生으로, 淸代의 段玉裁[2]는 獨體象形과 合體象形으로, 王筠(1784~1854)[3]은 『說文釋例』

1) 鄭樵(1104~1162) : 중국 南宋의 역사학자·언어학자로 『通志』의 편찬자이다. 斷代史를 부정하는 史論을 펼쳐 특정 왕조 중심으로 역사를 서술하는 대신 會通과 相因을 중시하는 通史를 제창했다. 이에 上古 이후 隋에 이르는 시대까지 통사를 紀傳體로 서술했다. 특히 『通志』에서 六書의 비율을 분석하였다(象形類 608자, 指事類 107자, 會意類 740자, 形聲類 21,810자, 轉注類 372자, 假借類 598자 합계 24,235자). 『爾雅注』3권의 저자이기도 하다.

2) 段玉裁(1735~1815) : 小學과 音韻에 정통하고 說文 연구에 뛰어났다. 說文學의 泰斗로서, 『說文解字』의 注書인 『說文解字注』 30권을 저술함으로써 난해한 설문 注釋에 획기적인 업적을 남겼다. 저서에 『春秋左氏經』(12권), 『毛詩詁訓傳』 등이 있다.

3) 『說文釋例』는 총 20권으로 六書에 대한 정의, 體例, 문자의 異體와 或體 및 重文, 『說文』 글자 배열의 순서와 해설의 형식, 雙聲疊韻과 『說文』의 脫字와 訛字 등을 논설한 책으로서, 書籍의 체례와 한자의 形體結構 및 演變規律에 관한 가치가 있다. 특히 『說文解字』에 대한 후대의 주석본인 淸代 段玉裁의 『說文解字注』를 비롯하여, 朱駿聲의 『說文通訓定聲』, 桂馥의 『說文解字義證』과 王筠의 『說

에서 正例와 変例로, 朱宗莱는 『文字學形義篇』(1918)』에서 純象形, 合體象形, 變體象形으로 분류한 바 있다.

현재 비록 獨體상형자에 대해서는 별다른 이견이 없다고는 하지만 역시 정설은 없으며, 合體상형자나 變體상형자에 대해서도 이견이 분분하다. 예를 들어 혹자는 獨體상형자, 合體상형자, 半合體상형자로, 또는 單體상형자(이 單體상형자의 하부에 다시 全體상형자와 特徵상형자, 相關상형자로 나눔), 附加상형자, 其他로 나누는 것 등이다.

그러나 갑골문 상형자의 가장 두드러진 특징은 다름 아닌 象形性이라 할 수 있다. 상형자에 대한 분류와 분석이 여러 가지인 것은 앞에서도 말했듯이 造字者의 주관적인 취상이 반영되기 때문이며, 이를 후대에 귀납적으로 정리한 결과가 현재의 여러 주장 및 학설이다. 그래서 우리는 이러한 여러 특징들의 세세한 분류들에 얽매이기보다는 상형성이라는 큰 안목에서 개략적인 특징들을 파악하는 것이 중요하다고 생각된다.

1. 繪畫文字

甲骨文은 일종의 회화문자라 할 수 있다. 그림으로 표현되었기 때문이다. 이는 일반적인 상형문자의 기본적인 특징이자 필연적인

文句讀』 등이 許學의 정수를 잇고 있으며, 이 네 명을 두고 '說文四大家'라고 한다.

성질이기도 하다. 그러나 3장에서 다룰 納西(Naxi)族의 東巴 상형문자보다는 회화의 정도가 그다지 크지 않다.[4] 갑골문은 이 회화로 표현된 문자로 시작해서 지금의 한자로 '변화'하였다.

보통 이런 경우 '발전'이라는 표현을 사용하지만, 한자가 小篆體와 隸書體를 거쳐 楷書體와 草書體, 다시 簡體字로 변한 것과 한자의 部首나 部件 등의 활용에 있어서 과연 어느 측면에서 발전을 이룩했는가에 대해서는 사실 답을 하나로 내리는 것은 의미가 없다. 갑골문은 갑골문대로, 초서체는 초서체대로, 부수는 부수대로 각 상황에 따른 역할이 있었다. 예를 들어 갑골문 가 간체자 书로 변한 것을 비교해 본다면 갑골문은 손에 쥐어진 붓이 보이나 간체자에서는 무슨 모양인지 의미를 연상하기가 쉽지 않으며, 부수를 찾기도 어렵다. 그러나 필사의 편리함에 있어서는 간체자가 편리하다. 결국, 한자는 각 시기별, 서체별, 기능별의 특징을 있는 그대로 고찰하고 그것이 후대에 어떻게 '演變' 되었는가를 이해하는 것이 중요하다.

다시 이야기의 초점으로 돌아가서, 갑골문의 繪畫性을 보여주는 예를 들어보면, (象), (鹿), (魚), (鳥) 등은 全身을 그려서 지금이라도 액자에 걸어 놓으면 그대로 동물화가 될 정도로 회화적이다. 또 (人), (目), (齒) 등은 그 특징을 잘 포착했

4) 동파문에 비하면 차라리 추상적이라 할 수 있을 정도로 간단한데, 동파문이 平面的이라면 갑골문은 線形的이다.

다 할 수 있으며, 심지어 (龍), (鬼)처럼 상상의 것도 표현해 내고 있다. 필자가 보기에 (雨)는 상형자이면서도 추상화처럼 아름답다.

대부분의 갑골문은 사물의 형체를 묘사하여 글자를 이룬다. 그러나 직접적으로 형체를 나타낼 수 없는 글자들은 상형의 字符에 특정의 지시부호나 몇 개의 상형자부의 의미들을 합쳐서 하나의 글자로 만든다. 예를 들면 (刃)은 刀에 칼날을 의미하는 점을 찍었으며[5], (及)은 人과 手라는 字符가 합쳐져 사람을 쫓아가 붙잡는다는 의미를 나타내고 있다. 그리고 상형 자부의 音을 차용하여 표음자로 활용하는 경우도 있다. 원래 찌르거나 베는 무기인 가 代詞인 '我'의 발음과 의미로 사용되는 것과 키 혹은 삼태기인 가 '그것'이라는 대사의 '其'로 사용되는 것 등이 그 예이다. 이는 象形의 字符를 聲符로 활용한 경우이다.

물론 이들 글자를 지사나 회의, 혹은 가차로 분석하는 경우도 있다. 이는 적절한 분석이거나 타당하다. 그러나 필자가 말하고자 하는 것은 이들 지사나 회의 및 전주는 모두 상형자를 근간으로 그것의 기능을 다양하게 활용할 수 있다는 점이다.

---

5) 이 刃을 상형이 아닌 다른 조자방법으로 볼 수도 있다. 許愼은 '刀堅也. 象刀有刃之形.'라 하여 상형으로 분석하였으며, 徐鍇도 칼날이 칼 앞에 있는 것으로 象形으로 보았다. 그러나 张舜徽는 '許云象形, 而實指事. 今俗稱刀口.'라 하여 指事로 분류하면서 허신의 말을 부정하였다. 현재는 대부분 指事字로 분류하고 있기는 하다. 단옥재는 특별히 六書의 분류로 나누지 않았다.

2. 異體字

갑골문의 두 번째 특징을 든다면, 역시 다른 상형문자와 마찬가지로 異體字가 많다는 것이다. 이 또한 지금처럼 字體나 字形이 인쇄체처럼 고정적이지 않고, 여러 사람이 여러 대에 걸쳐 사용하고 새롭게 제작하는 과정에서 얻어지는 필연적인 현상이라 하겠다. 예를 들어 『古文字詁林·제1권』[6]에 실려 있는 '王'자의 자형은 갑골문의 경우만 다음처럼 206쪽에서 208쪽까지 두 페이지 반에 걸쳐 있다.

이체자의 정황도 몇 가지로 구분할 수 있다. i) 繁·簡體字의 혼용, ii) 左右방향의 자유로움, iii) 正·倒書의 혼용 등이다.

6) 李圃 主編, 『古文字詁林』(總12冊), 上海教育出版社, 2004年 10月.

ⅰ)**의 경우가 가장 일반적이며 그 수도 많다.** 예를 들면, 犬의 경우 (甲402)[7] (甲611) (甲1023) (乙581) (乙3853) (乙6141) (燕53) (佚635) (鐵142·4) (前84·1) (粹240) 등처럼 개의 전체적인 윤곽과 특히 치켜 올려진 꼬리라는 부분적인 특징을 강조했다. 그러나 필획의 수나 구체적인 寫法은 전혀 통일성이 없이 자유스럽다.

획수가 그다지 많지 않은 雨도 (鐵238·3) (京都3209) (存1747) (拾8·2) (佚247) (明·藏36) (乙9067) (前3·16·2) (前3·18·6) (後1·3210) 하늘을 의미하는 윗부분의 평행선과 빗방울을 의미하는 작은 선 혹은 점으로 이루어져 있지만, 역시 필획의 방법이 다양하다. 빗방울의 개수가 비의 많고 적음을 의미하는 갑골문 문장은 없으므로, 그 개수 역시 의미와는 상관이 없다.

글자의 크기 또한 犬이나 雨 모두 저술의 편의를 위해 크기를 대

---

7) 갑골문 관련 저작물의 약칭이다. 이하 본문에서 사용된 약칭의 全名은 다음과 같다.

甲 : 董作賓, 『小屯·殷墟文字甲編』
鐵 : 劉鶚, 『鐵雲藏龜』　　藏 : 劉鶚, 『鐵雲藏龜』
乙 : 董作賓, 『小屯·殷墟文字乙編』
佚 : 商承祚, 『殷契佚存』　　拾 : 葉玉森, 『鐵雲藏龜拾遺』
前 : 羅振玉, 『殷墟書契前編』 後 : 羅振玉, 『殷墟書契後編』
菁 : 羅振玉, 『殷墟書契菁華』 粹 : 郭沫若, 『殷契粹編』
存 : 胡厚宣, 『甲骨續存』　　明 : 明義士, 『殷墟卜辭』
珠 : 殷契遺珠　　燕 : 殷契卜辭
京都 : 京都大學人文科學研究室所藏甲骨文字

동소이하게 조정한 것이지 원래의 크기는 일정하지가 않으므로, 크기도 의미와는 관련이 없다.

나머지 異體字의 경우의 예를 들어보면 다음과 같다.

ii) **左右방향의 자유로움 :**

- 人 (甲792) (燕4)
- 犬 (甲1023) (乙581)
- 耳 (鐵138·2) (存下73)

비록 갑골문이 아직 성숙한 단계에 이르지 못한 현상이기도 하나, 모두 일관되게 상형성을 유지하고 있다.

iii) **正·倒書의 혼용 :**

- 臣 (甲2851) (京都2359)

iv) **書寫의 非고정 :**

- 牢(우리 뢰) (甲392) (乙1983)
- 牝(암컷 빈) (後1·25·10 : 从牛) (粹396 : 从羊)

(前4.21.5 : 从豕) (前6·46·6 : 从犬)

(甲240 : 从馬) (拾13·10 : 从虎)

(乙1943 : 从鹿)[8]

牢는 현재의 자형이 '从宀从牛'이나, 우리에 가두는 가축은 소뿐만이 아니기 때문에 가축의 종류를 구분하지 않고 있다. 牝 역시 현재의 자형은 '从牛从匕'로서 匕는 암컷의 생식기이다. 즉, 동물 특히 가축을 키우는 데 암컷은 재생산을 하는 중요한 대상이었으므로 암수의 구별을 분명히 하고자 했을 것이다. 이때 가축이나 동물의 대상은 여러 종류가 가능하다. 다른 예를 더 들어보자.

– 車  (明1904)  (前7·5·3)  (拾12·16)  (菁3·1)  (珠290) (明藏641)  (前7·5·3)

車의 모양을 보면 실로 여러 가지이다. , 은 바퀴가 두 개, 은 바퀴가 세 개로 보이며,  와 은 바퀴가 두 개이면서 수레의 앞부분에 사람이 어깨에 걸칠 수 있는 장치가 장착되어 있고, 은 분명  을 사람이 끄는 모양이며, 는 수레의 축이 부러진 모양으로서 당시의 교통사고를 당한 차임이 분명하다. 바퀴가 두 개이든 세 개이든, 사람이 끌거나 그렇지 않든, 심지어 교통사고를 당하여 폐차 직전이라도 상관없이 모두 틀림없는 수레이다.

이렇듯 이체자가 출현한 이유는 象形字가 造字者의 사물을 관찰하고 取象하는 과정에서 비롯된 것이다. 사실 상형자의 조자과정

8) 「甲骨文田猎、畜牧及与动物相关字的异体专用」(刘兴林, 『华夏考古』, 1996年 第04期) 참조.

은 어떤 실물의 외형과 형상의 특징을 直觀的으로 파악하는 것일 수밖에 없다. 그러나 이때 결코 客觀的인 典型을 무시해서는 안 된다. 다시 말해 사물에 대해 선택, 추출과 정련, 개괄의 취상과정을 거쳐야만 객관적으로 누구나 인정할 수 있는 사물의 특징을 표현할 수 있다.

이는 동시에 사물에 대한 기계적인 묘사를 의미하는 것이 아니다. 비록 造字者의 주관적인 선택이긴 하지만, 결코 개인적인 창조가 아니라 오랜 시기와[9] 다른 지역 그리고 시기에 따라 정치·사회적 배경이 다르긴 하지만, 현재 우리가 관찰할 수 있는 갑골문은 모두 사물의 외형적 특징을 인지하는 것 이외에 자신의 견해가 융합되어 있음을 알 수 있다.

이러한 까닭에 상형자는 기본적인 윤곽을 유지하면서 다양한 모양의 글자들, 즉 이체자가 출현한 것으로 이해해야 한다. 특히 이러한 이체자를 두고 한편으로는 갑골문이 아직 완전히 定型化되지 않은 미성숙의 단계에 머무르고 있다 할 수도 있다. 타당하긴 하나 이체자는 상형의 조자방식이 갖는 필연적인 과정임을 간과해서는 안 된다. 특히 갑골문은 회화문자와 비교하여 대단히 진전된 부호화의 단계를 보여주고 있다.

9) 갑골문은 商 왕조가 마지막 도읍지인 殷으로 천도한 이후부터 상의 마지막 왕인 紂王이 周나라에 정복당할 때까지의 기간인 총 273년간의 산물로 추정하고 있다.

제 3 장

東巴文과 象形文字

'위대한 사람, 나시族' 이라 쓴 東巴文

東巴文과 象形文字

제1절 納西族 및 東巴文의 起源

麗江古城

唐新华 촬영, 丽江政务(http://www.lijiang.gov.cn)에서 발췌

앞 1장에서도 간략히 소개했지만, 중국의 구름 아래 남쪽에 있는 雲南省, 그리고 만년설을 지고 있는 玉龍雪山을 배경으로 한 산악도시 麗江市에 Naxi(納西)족이 살고 있다. 그들은 처음 보는 이들에게는 어린아이가 그린 그림 같은 대단히 원형적인 문자를 사용하고 있는데, 이 문자가 그들의 종교인 東巴教를 따서 이름을 붙인, 그리고 인류 최후의 상형문자인 東巴文이다.

이들 納西族은 자신들의 문자뿐 아니라 직접 종이를 만들어 사용하고 있으며, 기본음계의 악보와 나시족 전통악기로 연주하는 納西古樂 등을 간직하고 있다.

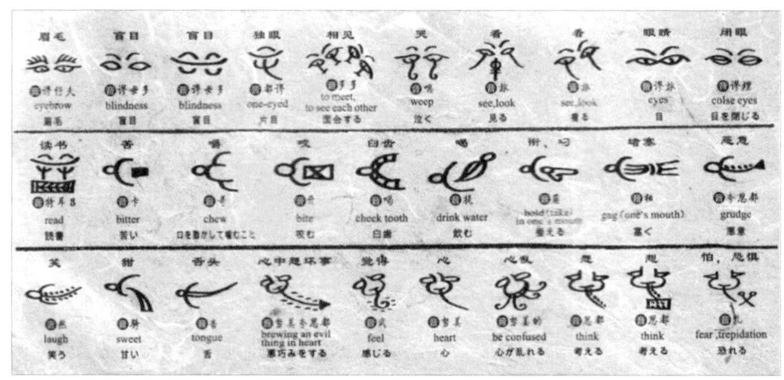

納西族의 종이인 東巴紙에 쓴 東巴文字

사실 한자의 역사는 갑골문이 사용된 기원전 13세기에 그 기원을 두고 있기 때문에 그 사용의 역사가 3,000년이 넘는 문자이다. 그러나 그 모양은 현재 이미 대폭 추상화, 기호화되어 원래의 형체를 유추하기란 사실 불가능하다. 그런데 비록 갑골문보다는 그 역사가 짧지만, 원시적인 圖畵(혹은 繪畫)의 형태로 지금까지 사용되고 있는 상형문자는 이 동파문이 유일하다. 이는 그야말로 '살아있는 화석'이다.

또한, 1996년 2월에 발생한 진도7의 초대형 지진으로 사망 293명, 중상 3,700명의 인명 피해와 수많은 건물이 붕괴된 대참사가 일어났음에도 불구하고 麗江古城 내의 수백 년 된 목조 기와집은 70% 이상 온전했다. 이는 기둥과 대들보에 쇠못을 사용하지 않고 사개맞춤식으로 결합한 나시족의 전통 건축양식이 지진의 충격을 잘 흡수했기 때문이었다. 이로 인해 중국 정부와 해외 자원봉사단들은 麗江의 매력에 주목하였으며, 古城 구석구석까지 이어진 골목과 수로는 자연 친화적이고 치밀하게 조성된 도시계획의 완결판이었음이 세상에 알려지게 되었다.

이러한 배경으로 유네스코는 1997년 12월에 麗江古城을 세계문화유산으로, 2003년 8월에는 東巴文字와 東巴經을 세계기록유산으로 등재하였다.

이제 이 신비하면서도 소박한 納西族과 그들의 東巴文字를 살펴보자.

1. 納西族의 起源

'納西'라는 한자 표기는 사실 영어로 Nakhi로 표현되는 고유의 부족을 漢譯한 것에 불과하다. 이를테면 奧巴马(Obama)처럼 고유명사를 편의상 혹은 억지로 한자로 표기한 것과 같다.[1] 그렇다면 나시족 본인들의 표기와 발음은 어떠할까?

1) 이에 필자는 소리 나는 대로 적을 수 있는 한글의 우수함도 십분 활용할 겸 '나시'족이란 표현을 사용하겠다.

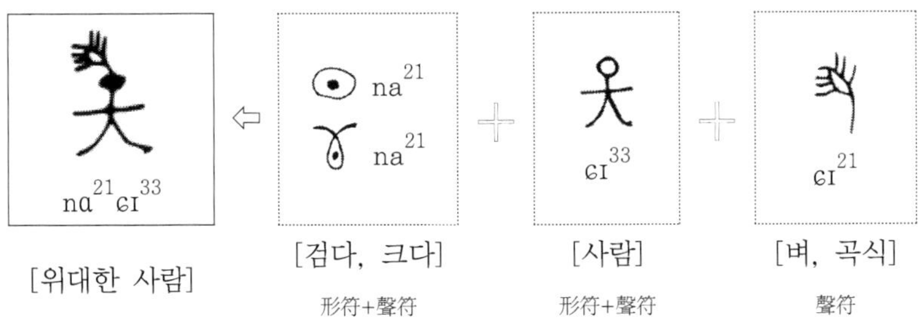

나시족은 사람(人)을 ɕɪ^{33}로 표기한다.[2] 그런데 사람의 머리 부분이 검게 칠해져 있다. 이것은 na^{21} 및 na^{21}의 가운뎃점이 '검다, 크다.'의 의미인 것처럼 '검다, 크다.'[3]의 의미이자 동시에 na^{21}라는 발음도 함께 나타내고 있다. 그리고 사람의 머리 위에 장식되어 있는 ɕɪ^{21}모양은 곡식인 '벼'의 의미이자 역시 ɕɪ^{21}라는 발음도 함께 나타내고 있다. 결국, 두 개의 形符兼聲符와 하나의 聲符가 결합되어 두 개의 음절을 가진 한 개의 글자로서 자신들의 의미와 발음을 표현하고 있다.[4]

---

2) 이 저서에서 사용된 자형은 『东巴常用字典』(和品正 编著·宣勤 翻译, 云南美术出版社, 2004年9月), 『纳西象形文实用字词注释』(赵净修 撰, 云南民族出版社, 2002年9月), 『纳西象形文字字帖』(和力民, 云南民族出版社 2001年), 『东巴象形文常用字词译注』(赵净修 编, 云南人民出版社, 2001年), 『纳西象形文字谱』(方国瑜 編撰·和志武 參訂, 云南人民出版社, 1981年4月), 『麼些象形文字表音文字字典(國立中央博物院專刊)』(李霖燦 編著·張琨 標音·和才 讀字, 文史哲出版社, 中華民國61[1972]年4月) 등을 참조하여 인용하였음.

3) 이때 '검다'와 '크다'는 同音관계이다.

4) 字形과 의미 및 발음에 대해서는 『东巴常用字典』(和品正 编著·宣勤 翻译, 云南美术出版社, 2004), 『纳西象形文实用字词注释』(赵净修 撰, 云南民族出版社, 2002), 『纳西象形文字谱』(1981, 上揭書, 이하 동일) 등을 참조하였음.

나시족은 고대 羌族의 한 부류로 간주된다. 이 羌族은 고대에 黃河의 서북쪽 및 黃河의 지류에서 살다가 인구수가 많지 않은 까닭에 주변 강대 민족의 눈치를 봐야 했기에 秦·漢代를 거쳐 서쪽과 남쪽으로 이동하였다. 唐代에는 지금의 金沙江 유역에서 번성하였으며, 이들을 나시족의 연원으로 추정하고 있다. 그러나 唐代 역시 티베트 왕조나 南朝의 지배를 받았으며, 결국 이들의 이동은 사실 생존을 위한 'Exodus'이자 정착지를 찾기 위한 고난의 이동이었다.

이렇듯 9세기부터 시작된 이 이동은 11세기 초 四川省을 거쳐 雲南省에 진입하였고, 宋末·元初에서야 비로소 麗江에 정착하게 되었다. 그러나 북방의 목초지에서 남쪽의 麗江으로 이주한 뒤에도 나시족의 운명은 그리 순탄하지 못해서, 13세기에는 대리국을 정벌하려는 몽골군의 침략을 받아 2세기 동안 쌓아 올린 재부를 모두 약탈당하기도 하였다.

다시 明代에는 調北征南[5]에 의해 나시족의 수령인 木氏는 麗江(지금의 金沙江)의 지방 관리인 土司로 임명되어 중국왕조의 간접지배를 받았다. 그러나 淸代에는 改土歸流[6] 이후 직접 통치를 받는

---

5) 調北征南은 明代에 중국 남부의 소수민족을 다스리기 위한 정책으로서, 곧 북의 군대를 동원해 남쪽을 정벌한다는 의미이다.

6) 改土歸流는 改土爲流라고도 하는데, 변두리를 다스리던 토착민 출신의 土司·土官 대신 중앙의 조정에서 임명한 관원인 流官을 보내 다스리게 한다는 뜻이다. 元代에는 土司·土官이 다스리는 간접통치였다가 明·淸 왕조 때부터 본토와 똑같은 州縣制에 따른 직접통치로 바꾸는 정책을 추진하였다. 淸나라 말까지는 많은 改土歸流가 이루어졌는데, 이것은 청나라의 정치력이 변경지역까지 확대된 사실을 입증해주는 것이다. 그러나 이와 같은 중국화의 방침은 이에 반대하는 소수민족을 도륙하는 등으로 인해 소수민족의 반발을 사게 되어 반란이 일어나 완전히 성공하지는 못하였다.

지역이 되었으며, 이는 자치적인 민족토호정권의 붕괴를 의미한다. 이후 서북부의 藏族이 남쪽으로 이동하고 彝族이 서쪽으로 들어오는 바람에 나시족은 그 수가 점차 감소하게 되었다.

현재에는 주로 雲南省에 분포하며 특히 麗江市 玉龍 納西族 自治縣에 주로 집중되어 현재의 麗江古城을 이루고 있다. 2000년에 시행된 제5차 인구조사에 의하면 295,464명으로서 중국 전체 나시족 인구 308,389명의 95.8%를 차지하고 있다.7) 나머지는 四川省 남부와 티베트 자치구에 분포하고 있다.

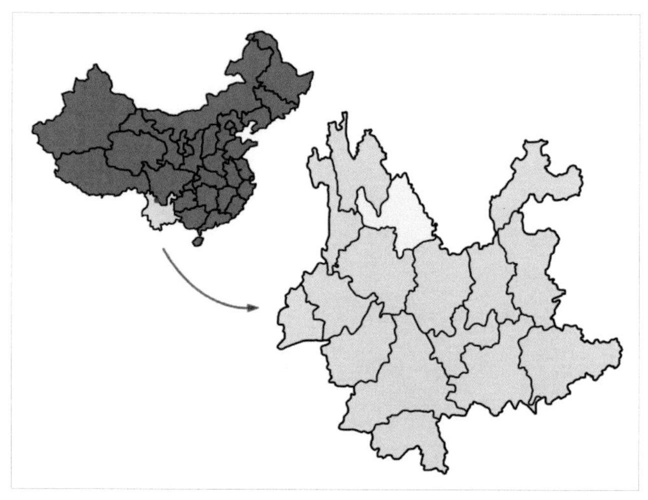

雲南省과 麗江市

나시족이라는 명칭이 현재의 명칭으로 확정되기 전까지 여러 명칭이 있었는데, 兩漢·魏晉 시기에는 '麽沙夷'(漢譯), 唐代부터 清代

7) 中华人民共和国 国家统计局(National Bureau of Statistics of China, http://www.stats.gov.cn)의 第五次人口普查数据(2000年) 참조.

까지는 '麼些'라고 불리다가 근대에는 '麼些, 摩梭, 麼西' 등으로 불렸었다. 또한, 나시족은 자칭 '納西, 納日, 納罕, 納桓' 등으로 부르기도 하였다. 그러나 이들 명칭들은 모두 당시의 漢字音으로 音譯하여 기록된 표현들이다. 결국, 이와 같이 시대와 지역에 따라 여러 가지 명칭으로 불리자 중국 정부는 1954년에 정식으로 納西族이라는 명칭을 확정했다.

앞에서 말했던 '위대한 사람'이라는 뜻은 온데간데없이 그저 '서쪽의 변방 부족'이라는 의미로 音譯된 것이다.

2. 東巴文과 東巴經

1) 東巴文

東巴文='써ㄹ쳐러쳐'

東巴文은 東巴의 문자이다. 이때 東巴는 나시족의 宗教典籍이자 百科全書인 『東巴經』을 기록하는 '東巴' 즉, '지혜로운 사람'을 의미하며, 그래서 동파문이라 불린다.

상형문자로서의 東巴文은 약 1,400여 개의 상용 單字가 있으며, 상형의 기능이 아닌 音節 및 標音의 기능을 하는 문자부호인 哥巴文을 합하면 모두 2,000여 개에 이른다. 이 1,400여 개의 동파문은 어휘가 풍부하며, 세밀한 감정을 표현할 수 있다. 또한, 복잡한 사건의 기록은 물론 詩를 지을 수도 있다.

그런데 '東巴'라는 표기는 漢譯音[8]일 뿐이며, 나시족들은 로 표기하고 $\mathrm{to}^{33}\mathrm{ba}^{21}$(IPA)라 읽는다. 현재에도 나시족은 동파 교주를 중심으로 여러 의식을 행하고 있으며, 여전히 동파문자는 현재에도 사용되고 있다.

이 동파문은 갑골문보다 더 회화적이며, 그래서 원시적인 모습을 하고 있다. 위에서 본 東巴紙에 새겨진 글자 몇 개를 인용하면 다음과 같다.

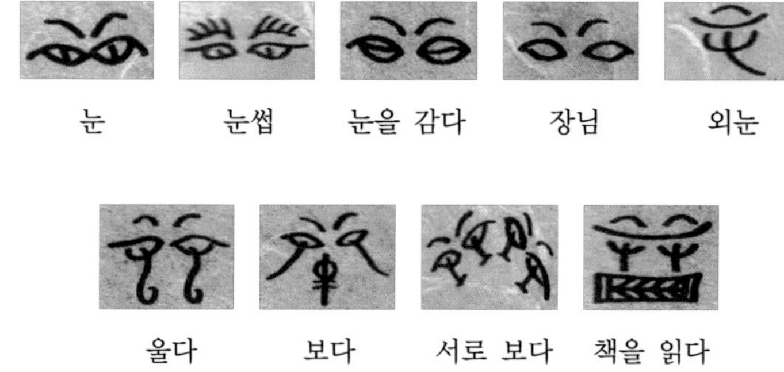

'눈'을 사실적으로 그렸다. 이 '눈'이 글자라는 것을 알면 이어지는 '눈썹, 장님, 울다, 책을 읽다' 등도 쉽게 그 의미를 알 수 있다. 혹은 자전에서 그 의미를 확인한다면 '아~ 그렇구나!'라며 절로 웃음이 나올 정도로 그 모양이 회화적이며 단순하다.

이 동파문자를 漢語로 音譯하여 '斯究魯究' 혹은 '森究魯究'라고 하는데, 원래의 의미와는 아무런 상관없는 그저 중국인들의 발음에 의해 한자로 옮긴 '假借'의 음에 불과하다. 즉 音譯字이다.

8) 이외에 '多巴'라는 표현도 초기에는 사용되었었다.

반면, 나시족은 자신들의 문자를 [Dongba glyphs] 또는 [Dongba glyphs] 로 표기하며, $sər^{33}$ $tɕə^{55}$ $lɣ^{33}$ $tɕə^{55}$라 읽는다. 이 발음을 중국인들은 漢語로 音譯하여 '斯究魯究 sī jiū lǔ jiū' 혹은 '森究魯究 sēn jiū lǔ jiū'로 표기한 것이다. 나시족의 발음과 비슷하긴 하다.

그렇다면 우리말로 발음되는 이 '썰쳐러쳐'는 무슨 의미일까? [glyph]는 나무, [glyph]는 솥단지 위에 음식물을 삶는 모양으로서 어떤 흔적, [glyph]는 돌, [glyph]는 나무 혹은 '좋아하다.'라는 의미로도 차용되며, [glyph]는 홍역이나 나병에 걸린 사람의 반점을 의미한다. 직역하면, '나무를 보면 나무를 그리고, 돌을 보면 돌을 그린다. (見木畵木, 見石畵石)'로 번역할 수 있다. 즉 나무나 돌에 새긴 부호로서, 나무에 새겨서 記事 즉 일을 기록하고, 돌에 새겨서 소식이나 정보를 전달한다는 의미로, 정보의 저장매체로서의 역할이다. 나아가, '나무나 돌에 흔적을 남기다, 새기다.'로 번역할 수 있는데, 자연사물을 묘사하는 상형문자의 본질에 충실한 해석이다. 이때 '흔적'은 '문자'를 의미한다고 볼 수 있다.

이 둘을 종합하면 동파상형문은 자연사물에 기탁하여 탄생하고 전승되었음을 알 수 있다. 특히 두 번째의 [Dongba glyphs]는 홍역이나 나병은 한 번 걸리면 심한 반점이나 흔적을 남기니 그 흔적은 비단 돌이나 나무 같은 자연사물에 새기는 것 이상으로 사람들에게 강한 인상을 남겼을 것이기 때문에 이 글자를 썼을 것으로 필자는 추정한다. 이 경우 직역하면 '나무, 홍역, 돌, 홍역 같은 흔적'이다.

그런데 왜 새기는 대상이 '나무'와 '돌'일까? 주위에 흔해서 구하기 쉬운 대상이기 때문에 선택했을 수도 있었겠지만, 토템사상이 중요했던 고대 시기에 흔하다는 이유만으로 경전을 나무와 돌에 기록하지는 않았을 것인데도 말이다.

바로 나무와 돌은 나시족 동파교에서 종교적 의미를 갖고 있는 신비스러운 물질이기 때문이다. 나무는 여성으로서 창세신의 상징이며, 돌은 남성으로서 역시 창세신의 상징이다. 나시족에게 두 신은 세상의 모든 기준과 지식 그리고 지혜를 창조했다고 전해진다. 그런데 나시족은 앞에서도 말했지만, 고대 羌族으로부터 기원하고 있으며, 羌族은 '나무'와 '돌'을 부족의 토템으로 여겼었다. 훗날 이 나무와 돌이 동파문자로 발전하였고, 그들의 원시적인 巫教가 東巴教로 발전하여 현재에 이르고 있다고 할 수 있다. 현재 나시족 대부분이 성씨가 木씨인 것을 고려하면 그 의미는 대단하다.

② 창제 시기

그렇다면 이 동파문은 언제 만들어졌을까? 현재까지는 이렇다 할 사료들이 없는 상황인데, 東巴經 및 다른 역사서에도 창제시기에 관한 기록이 없으며, 동파문과 연관된 문물도 출토되지 않았다. 그러나 학자들은 나시족 사회를 중국의 역사와 결합시켜 검토한 결과, 7세기 초인 隋末·唐初에 나시족의 원시 巫教가 Tibet 苯教(Bon Religion)의 영향을 받아 東巴教가 형성되었고, 이때에 이미 직업화된 동파 巫師가 출현한 것에 근거하여 나시 東巴文字는 唐代 이전에 형성되어 적어도 7~11세기에 만들어졌고 늦어도 13세기

초에는 이미 크게 발전되었다고 할 수 있다.[9)]

이는 사실 아직까지 확정적인 정설이 없는 상황에서 여러 정황을 참조하여 내린 결론이며, 일반적으로는 지금으로부터 약 1,000여 년 전인 唐代에 만들어졌을 것으로 추정하고 있다. 다만, 동파문자가 고대 바빌로니아의 설형문자, 고대 이집트의 신성문자, 중남미의 고대 마야문자 및 중국의 갑골문자에 비해 원시적이며 순박하다는 것은 분명하며, 그 만들어진 시기가 다른 고대 문자보다 더 최근의 것이라는 점이 대단히 주목할 만하다.

그러나 이 동파문자가 세상에 알려진 것은 한자의 갑골문과 마찬가지로 그다지 오래되지 않았다. 동파문은 19세기에 세상, 특히 서구사회에 알려졌는데, 프랑스의 J.B.Acot는 1913년 『么些研究』에서 그가 麗江에서 수집한 370개의 동파 상형문자를 소개했으며, 미국의 J.F.Rock은 1972년에 『纳西语英语百科词典』(2권, 1963~1972年)을 출간하기도 하였다. 대만에서는 李霖燦이 『麽些象形文字字典』(中華民國 33년 6월=1944년)을, 대륙에서는 方国瑜와 和志武가 『纳西象形文字谱』(1981) 등의 성과를 냈다.

③ 哥巴文

이들 나시족의 문자에는 위와 같은 象形문자인 東巴文 이외에 또 音素문자인 哥巴文이 있다. 동파문을 '形字', 哥巴文을 '音字'라고도

9) 이상 동파문이 언제 만들어졌는가에 대해서는 偰玲華의 『納西 東巴文字의 字形分析』(전남대학교 碩士學位論文, 2009年 8月)의 24~25쪽을 참조하여 요약하였음.

하는데, 哥巴文은 동파문에서도 음을 나타내는 성부를 한자에서 차용하는 방식이다. 즉 상형문자로 이루어진 동파문자 안에 성부를 나타내는 어떤 부호가 함께 있다는 것이다.

예를 들면[10], 灰의 의미인 ɣɯ^{55}자는 로도 쓰는데, 는 불이 타고 난 뒤에 남은 가루를 나타내는 점 이외에 그 안의 卐자가 哥巴字로 발음이 ɣɯ^{55}이며 이것이 전체 글자의 발음을 나타낸다.

또, 參星을 의미하는 k'ɤ^{55}ɣɯ^{33}자는 方国瑜[11]에 의하면 '从 省, (k'ɤ^{33}, 割), 卐(ɣɯ^{33}, 哥巴字)聲'이라 분석하였는데, 별의 의미로서 形符인 의 생략형과 割을 의미하는 , 그리고 哥巴字로서 전체 글자의 일부 발음이자 聲符역할을 하는 卐 ɣɯ^{33}가 결합한 형태이다.[12]

卐(ɣɯ^{33}) 이외에도 까치(鵲)를 의미하는 [13] tɕi^{55}ʂə^{33}자는 形符인 새의 자형과 성부인 tɕi^{55}와 上 ʂə^{33}의 소리를 결합하여 造

10) 이하 哥巴字의 예는 偰玲華,『納西 東巴文字의 字形 分析 - 甲骨文·金文 字形과의 比較를 中心으로-』(전남대학교 碩士學位論文, 2009年 8月)의 부록을 참조함.

11)『纳西象形文字谱』(1981, 上揭書) 참조.

12) 나시족의 동파문에는 卍자가 적지 않다. 이는 나시족이 그 주변의 민족과 문화적인 교류가 있었음을 의미하는데, 木仕华는 이 동파문의 卍이 고대 印度문화의 卍(savastika)에서 기원하고 있으며, 그 후 佛教와 藏族(Tibet)의 苯教(Bon Religion)를 수용한 결과라고 하였다. (木仕华, 「纳西东巴文中的卍字」, 『民族语文』, 1999年 第02期 참조)

苯教의 부호

13)『字譜』: 从鳥(tɕɪ^{55}, 剪), 上(ʂə^{55}, 哥巴字)聲. (까치다, 새를 따랐고, 과 上 소리다.)

字하고 있다. 또 유리새(琉璃鳥)를 의미하는 [14] tɕɪ^{55}ko^{33}lo^{21}자 역시 形符인 새의 자형과 성부인 ko^{33}의 소리를 결합하여 나타내고 있다.

그런데 이때 까치의 上 ʂə^{33}과 유리새의 ko^{33}는 한자의 上과 谷의 모양과 발음을 차용하고 있는 경우이다.

이렇듯 音을 표시하는 音素文字인 哥巴는 gə^{21}bɑ^{21}라 읽으며, '弟子'라는 뜻이다. 이것은 후세의 東巴 제자들이 만들어 사용했다는 것을 말해준다. 결국, 哥巴文이 만들어진 시기는 동파문을 개조하여 응용한 것이므로 東巴文字 이후이며, 동파문보다 발전한 형태라고 생각하는 것이 일반적인 학계의 견해다. 그러나 약 2,400여 개나 되는 부호가 빈번히 중복되기 때문에 상용되는 것은 겨우 500여 개에 불과하며, 또한 그 字體가 매우 고정적이지 않아 지역과 사람에 따라 서로 다르고 게다가 同音과 近音이 혼용되어 사용되고 있기 때문에 哥巴文의 사용 범위는 그다지 넓지 않다.[15]

이 哥巴文 혹은 哥巴字의 방법은 위와 같이 한자의 형태와 음을 차용하는 경우가 있는가 하면, 동파 상형자의 필획을 간략히 줄여

14) 『字譜』: 从鳥(ko^{21}, 哥巴字)聲. (유리새다, 새를 따랐고 소리다.)

15) 중국의 20세기 초 저명한 문자학자인 周有光은 그의 논문 「纳西文字中的"六书"」(1994)에서 哥巴文은 音節이 250개, 상용되는 音節字는 686개, 단어는 2,000여 개인데 그 가운데 40여 개 음절은 專用 音節字가 없으며, 각 음절에 1~10개의 同音異體字가 있다고 하였다. 이는 곧 하나의 음에 여러 개의 부호가 있으며, 동시에 하나의 부호가 여러 음을 나타내기 때문에 哥巴文은 음절자모의 성격은 아직 구비하지 못하고 있다고 규정하였다.

사용하는 경우가 있는 등 그 방법과 분석이 다양하다. 그러나 필자는 이 저서가 주로 상형자의 특징을 분석하는 데 주요 목적을 두기 때문에, 哥巴文에 대해서는 간략한 소개 정도로 가늠하고자 한다.

우리나라에서도 최초로 2006년 10월 1일 동파문의 전시회가 있었다. 서울 삼청동 자인제노에서 열린 이 전시회는 잊혀가는 중국 소수민족들을 영상으로 담고 있는 아시아 영상인류학연구소(소장 홍희, 대진대 중국학과 교수) 기획으로 동파문 15점이 소개되었으나, 원본은 아니며 雲南省의 동파문화연구소에서 동파문을 그대로 모사해 보내온 것들이다.

채색 동파경의 일부

아시아 영상인류학연구소측은 '나시족이 남긴 1만여 권이 넘는 동파경 고본들은 세계 각국 박물관에 흩어져 있고 일본에서는 이모티콘으로도 사용될 정도로 잘 알려져 있다.'라며 '흙과 나무 등의 자연재료를 이용한 동파문은 독특한 예술성을 갖추고 있는 세계의 문화유산'이라고 말했다.[16)]

그런데 이렇게 단순한 문자가 사실은 表意와 表音을 겸한 圖畵[17] 象形文字이다. 간단히 상형문자가 아니라 '圖畵'상형문자라고 하는 의미는 그 형태와 구조가 대단히 회화적이기 때문에 붙이는 표현이며, 동시에 일반적인 상형문자에 비해 아직 문자처럼 기호화되지 않은 원시적인 그림의 형태를 갖고 있다는 의미이기도 하다. 심지어는 갑골문보다 더 원시적인 형태라고도 할 수 있다.

사실 원시적인 문자가 表意와 表音을 겸비하고 있다는 것 자체가 신비롭기도 하지만, 그것이 현재에도 여전히 사용되고 있다는 사실이 중국 내외 학계에 더욱 높은 관심을 끌었으며, 앞에서도 말했듯이 세계기록유산에 등재되는 결과로 이어졌을 것이다.

2) 東巴經

이 동파문자는 사실 동파경에 기록되어 보전되어 왔으며, 현재도 이 동파경을 그들의 종교인 東巴教의 司祭 東巴가 기록하고 있다. 또 실제로 이 동파문으로 편지와 계약서 등을 쓰고 있다.

동파경은 그 내용이 다채롭다. 즉, 동파경은 1,000여 종의 경전으로 구성된 集成도서로서 天文·曆法과 동식물, 농·목축업, 종교, 의약품, 철학, 역사, 지리, 민속, 혼인, 가정, 언어, 문자, 문학, 회화, 무용, 음악 등의 여러 내용을 포함하고 있다. 때문에 나시족의

---

16) 「한겨레신문 인터넷판 2006년 09월 27일 기사 등록 (조채희 기자 서울=연합뉴스」 인용

17) 일반적으로는 繪畫文字라는 용어를 사용한다. 반면, 중국 문헌에서는 圖畵文字라는 용어가 주로 사용되기 때문에 본 저술에서는 일반적인 개념일 때는 '繪畫'를, 중국 문헌을 언급할 때는 '圖畵'라는 용어를 사용하겠다.

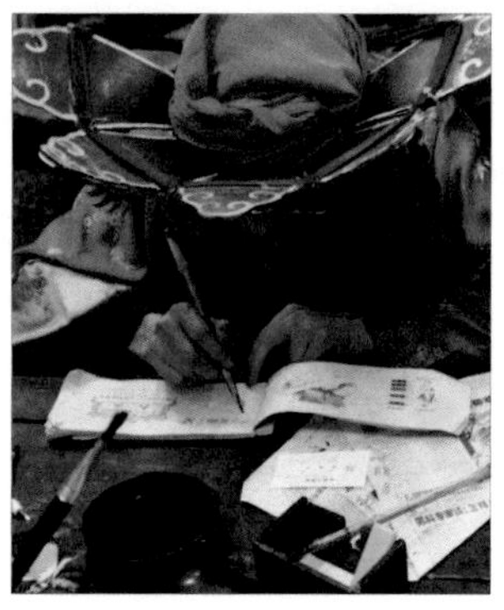

동파문을 기록하고 있는 東巴
촬영 : 김태완, 2007년 8월.

百科辭典으로 간주되며, 나시족 문화의 가장 중요한 요소이기도 하다. 또한, 東巴古籍은 세계에서 유일하게 圖畵 상형문자로 적은 고적이다.

때문에 東巴의 가장 높은 지위에 있는 大東巴는 詩, 노래, 암송, 무용, 전각, 조각, 점, 회화, 농사, 의술 등 모든 분야에 소질을 갖고 있는 사람으로서, 대중의 존경을 받을 뿐 아니라 문자의 창제와 운용 그리고 발전에 중대한 역할을 한다.

그러나 통계에 의하면 현재 동파문에 정통한 동파인은 10명도 되지 않는다고 한다. 동파교의 사제인 동파도 현재는 동파문으로 관광객들에게 그들의 이름을 써 주면서 벌이를 하는 등 관광 사업화되고 있다.

『纳西东巴古籍译注全集』100卷
사진은 南网(http://www.yunnan.cn/)에서 인용. 전남대학교 중문과에서도 원본을 소장하고 있음.

결국, 雲南省 社會科學院「麗江東巴文化研究所」는 1980년대 초부터 동파경전을 번역하는 작업을 시작하였으며, 그 결과『纳西东巴古籍译注全集』100권이 1999년에 출간되었다. 이 책은 동파문 원문을 게재한 후에 다시 나시어의 국제음표표기, 漢文직역과 주석, 중국어 意譯 등의 체재로 이루어져 있으며, 내용상으로는 祈福類儀式, 禳鬼類任免

式, 喪葬類儀式, 占卜類儀式, 기타의 다섯 부분으로 구성되어 있다. 동파문화뿐 아니라 세계 古文化의 큰 성과라 하겠다.

제2절 東巴文의 造字方法 및 特徵

고대문자가 '書畵同源' 즉 그림으로부터 문자가 출발하였듯이, 나시 상형문자도 일상생활 가운데 접촉하는 물체[物]와 동작[事] 그리고 개념[意]을 문자로 표현하고 있다. 그 방식은 圖畵로서, 글자 하나가 事[동작]·物[물체]·意[개념]를 모두 나타낸다. 圖畵는 회화적인 아름다움을 추구하는 반면 문자는 간단한 필획으로 事·物·意의 개략적이며 특징적인 윤곽을 나타내며, 이때 다른 글자와의 혼동을 방지할 수 있어야 하므로 문자는 간결하면서도 심오하여야 한다.

그러나 어디까지가 圖畵이며 어디에서부터가 文字인가에 대한 문제의 답은 그리 간단하지가 않다. 단순한 동굴의 巖刻畵에서부터 시작하였을 그것은 점차 무늬를 입힌 토기, 나무나 돌 혹은 동물의 뼈에 새기는 상형문자, 金石에 銘文, 帛書나 竹簡 등으로 발전하여 원시적 단계에서 벗어났다.

그런데 나시족의 동파문자가 이 圖畵와 文字의 경계에 있다고 할 수 있다. 즉, 이 문자를 분석하는 것이 그 경계선을 더욱 선명하게 그을 수 있을 것으로 기대된다.

1. 東巴文 造字方法에 대한 硏究 - 發表 年代順

동파문 연구가 세계 여러 지역의 학자로부터 관심을 받았음에도 동파문에 대한 실질적인 연구는 사실 그다지 오래되지 않았다. 이런 상황에서 최근 중국 내의 동파문 조자방식과 구조유형에 대한 연구는 어느 정도 성과를 거두었다 할 수 있다. 특히 方国瑜의 '十書' 이래 최근 연구도 대단히 진전을 이루고 있다. 이에 필자는 이들의 연구를 발표된 년도 순서로 그 특징을 소개하려 한다.

1) 方國瑜의 '十書' - 1981년

納西 歷史文化 연구의 아버지라 불리는 方国瑜[18)]는 『纳西象形文字谱』(1981)에서 일찍이 한자의 조자법인 六書를 참조하여 동파문자의 造字를 열 가지의 방법으로 분석하였다.[19)] 간략히 소개하면 다음과 같다.

① 依類象形

대부분 간단한 필획으로 事[동작]와 物[물체]을 그려내는데, 그 모양이 순박하다. 그 방식은 형체에 따라 구불구불하게(隨體詰詘)

18) 方国瑜(1903~1983), 纳西族이며 当代의 저명한 社会科学家이자 教育家이다. 云南 丽江에서 출생하여 文法学院 원장과 云南省 历史学会 회장, 云南省 文联 부주석, 中国民族研究会 고문 등을 역임하였다.

19) 이하 方国瑜의 10書에 대해서는 단행본 『纳西象形文字谱』(1981, 方国瑜 编撰·和志武 參訂, 上揭書)와 논문 「纳西族古文字的创始和构造」(方国瑜·和志武, 中央民族学院学报, 1981年 第01期)를 참조하였다.

그 모양을 그려내는데(畫成其物), 필획의 繁簡과 방향에 얽매이지 않아, 눈으로 보아 알 수 있다(視而可識). 이는 나시 상형문자의 기본 구조방식이다.

天象	天	日	雲
地理	山	石	水
用器	刀	弓	旗

② 顯著特徵

형체가 비슷한 물체라도 각각의 구체적인 특징을 강조하면 그 모양이 비슷하더라도 의미를 구별할 수 있다.

鳥	鷄	鴨	鶴
獸	牛	水牛	猪
植物	松	栗	竹

즉, 해당 물체의 전체가 아닌 일부를 묘사하는데, 鳥獸는 그 머리를, 식물은 꽃과 잎 그리고 열매를 강조하는 방식이다. 이 역시 나시 상형문자의 일반적인 방법이다. 역시 상형에 속한다.

③ 變易本形

원래 있던 글자의 자형을 변형시키거나, 의미를 나타내고자 하는 부분을 확대·강조하는 방식이다.

人事	立	坐	臥
	起	舞	左
	右	飽	飢

立은 서 있는 사람의 모습을, 坐는 앉아 있는 사람의 모습을, 臥는 누워 있는 사람의 모습을, 起와 舞는 각각 사람의 발과 손을 확대하였다. 左와 右는 해당되는 손을 강조하였고, 飽와 飢는 몸의 배 부분을 확대하여 묘사하고 있다.

④ 標識事態

사물의 추상적인 부분을 사실적으로 표현하여 의미를 나타내는 방식이다. 이러한 비구체적인 사물은 방향이나 수량의 중복으로 그리고 그 사물의 형태로 표시하고 있다.

방위	上	高	分
수량	一	十	千
	九	三十	
기타	多數	搖動	有聲

上은 위로 솟아오르는 모양을, 高는 기둥이 위로 높이 올라와 있

음을, 分은 둘로 나뉨을 나타내고 있다. 수량에 있어서는 그 수를 중복함을 알 수 있으며, 10진법이다. 또한, 요동치거나 소리를 낸다는 의미는 그 형태를 표시하고 있다.

⑤ 附益他文

글자[字]의 나타내고자 하는 의미가 분명하지 않은 경우에는 다른 글자[文]를 보조적으로 덧붙이거나 특정 부분을 돌출시키거나 하는 방식으로 의미를 분명하게 한다. 이때 文은 독체자를, 字는 합체자를 의미하는데 덧붙여지는 성분이 字이거나 그렇지 않은 경우 모두 있다.

靠	登	戴
露	霜	冰雹(우박)
看	眉毛	哭

그러나 이 경우 두 글자가 합쳐지는 단순한 의미가 아니며, 또한 종속관계도 아닌 의미의 결합이다.

⑥ 比類合意

의미상 연관이 있는 몇 개의 글자들을 합쳐서 의미를 나타내는 방법이다. 그러나 이때 발생한 의미는 각 글자의 의미와는 직접적인 관련이 없이 그것이 결합한 의미를 나타낸다.

晴	雷	陰
牧	執	縫
砍	磨	炙
饗	婚	祚

날이 맑게 갠 晴은 하늘과 빛나는 태양의 결합, 우레 雷는 하늘과 번개의 결합, 그늘 陰은 하늘과 구름의 결합으로 그 의미를 나타내고 있으며, 가축을 기르는 牧은 채찍을 손에 쥔 목동과 가축의 결합, 무언가를 잡는 執은 사람과 보리(麥)의 결합, 재봉하다는 縫은 바늘과 치마의 결합이며, 나무를 베는 砍은 도끼와 그것에 잘려 부러진 나무의 결합, 칼을 가는 磨는 돌과 칼의 결합, 고기를 구워 먹는 炙는 고기와 불의 결합으로 이루어져 있다. 그리고 잔치의 饗은 두 사람이 함께 그릇에 담겨 있는 음식을 먹고 있는 모습이며, 결혼의 婚은 東巴巫師가 신랑과 신부의 이마에 깨끗한 술 기름(酥油)을 칠해 주고 있는 모습이며, 복을 기원하는 祚는 역시 동파무사가 제사를 모시는 사람에게 곡식과 술과 고기를 하사하는 모습이다.

위와 같이 두 글자(文) 혹은 여러 개의 글자(文)를 섞어 글자 간의 관계로써 여러 의미가 아닌 단 하나의 의미를 나타내고 있는데, 이런 방식은 대단히 많다.

⑦ 一字數義

事[동작]와 物[물체]을 나타내는 글자들은 모두 본의가 있으며 또한 인신의가 있다. 이 경우 자형은 동일하나, 音과 義는 다르다.

자형	의미	발음	의미	발음
	귀걸이	he^{33}k‘ɤ^{55}	銀	ŋɤ^{21}
	금단추	zi33	金	hæ^{21}
	斧	ʦe^{55}be^{33}	鐵	ʂu^{21}
	火	mɪ^{33}	紅	hy^{21}
●	灰	ɣɯ^{55}	黑	nɑ^{21}

귀걸이는 원래 he^{33}k‘ɤ^{55}로 읽으나, 대부분 귀걸이가 銀으로 만들기 때문에 銀의 의미로도 쓰이며, 이때 발음은 ŋɤ^{21}이다. 나머지도 동일한 예이다.

⑧ 一義數字

자형은 다르나, 의미는 동일한 경우이다. 이 경우 구체적인 事와 物은 구분이 있지만, 각각 특정의 의미가 있으며 그 음과 의미는 동일하다.

기본의미	의미1	의미2	의미3	발음
光	星光	日光	火光	bu^{33}
焚	焚柴	焚屋	焚屍	$bər^{21}$
裂	板裂	石裂	地裂	$gɯ^{33}$

⑨ 形聲相益

다른 글자의 형체를 더하되 그 음을 취하는 방식이다. 이때 더해진 자형은 의미를 겸하기도 하며, 오로지 음만을 나타내기도 한다. 또한, 자형은 전체 혹은 생략형을 취하기도 하며, 음이 동음일 때도 있고 비슷한 음일 때도 있다. 곧 표음문자의 역할이다. 또한, 이 形聲相益은 자형이 비슷함으로 인해 의미가 혼동되는 것을 막는 작용도 한다.

자형	분석			聲符	역할
$dzi^{33}mæ^{33}$ 屋後	屋	+	$mæ^{33}$ 尾	$mæ^{33}$	聲字兼義
$dzi^{21}mæ^{33}$ 水尾	水	+	$mæ^{33}$ 尾	$mæ^{33}$	聲字兼義
$dzər^{21}k‘ɯ^{33}$ 樹根	樹	+	$k‘ɯ^{33}$ 足	$k‘ɯ^{33}$	聲字兼義

$dzy^{21}k'ɯ^{33}$ 山麓	山	+	$k'ɯ^{33}$ 足	$k'ɯ^{33}$	聲字兼義
be^{33} 村	屋	+	be^{33} 雪	be^{33}	순수 聲字
$ʦ'o^{33}$ 樓	屋	+	$ʦ'o^{33}$ 跳	$ʦ'o^{33}$	순수 聲字

위와 같이 形字와 聲字로 이루어진 글자에서 聲字는 音만을 나타낸다. 대개 나시 상형문의 형성자에서 聲旁의 字는 고정적이지 않아서 인명이나 지명 및 귀신명으로 충당되며, 또한 그 用字가 복잡하여 형성자의 자형만을 보고서 경서를 읽지 못하는 경우가 더러 있다.

⑩ 依聲托事

事[동작]와 意[개념]의 형상만으로는 그 의미를 나타내기 어려운 경우가 있다. 이때 同音 혹은 近音의 글자에 의거하여 이 가차한 글자의 形을 해당 글자의 形에 적용하거나 혹은 가차한 글자의 音을 해당 글자의 音에 적용한다. 다만, 가차한 글자의 의미는 해당 글자의 의미에 적용하지 않으며, 결과적으로 本義와 假借義가 발생한다.

자형	의미	발음	가차의미	발음
	猴	y^{21}	先祖, 輕, (人)生	同音假借
	剪刀	tɕɪ^{55}	小, 怕, 馱(실을 태)	〃
	吊	tʂi^{33}	這, 破, 堆(柴)	〃
	腿骨	ts'i^{21}	扔(당기다)	ts'i^{55}
	籃	k'ə^{55}	破(碗, 사발을 깨다)	k'ə^{33}
	蛋	kɤ^{33}	身體, 好(吃)	gɤ^{33}
	門	k'u^{33}	祝願	ho^{33}

方国瑜는 이상과 같이 예를 들고서, 문자의 구조는 대단히 복잡하여서 이 열 가지의 조자방법이 실제와 부합되는지는 더 깊은 연구가 필요함을 전제로 하였다. 그리고 한자의 '六書'와 비교해서 나시 상형문자의 열 가지 부류를 다음과 같이 정리하였다.

① 依類象形과 ② 顯著特徵 : '視而可識'

③ 變異本形과 ④ 標識事態 : '察而見意'

⑤ 附益他文과 ⑥ 比類合意 : 숫자와 연관 지어 의미를 나타내는 방식

⑦ 一字數義와 ⑧ 一義數字 : 숫자와 의미가 서로 연관되어 의미를 만드는 방식

⑨ 形聲相益과 ⑩ 依聲托事 : 발음으로 의미를 기탁하는 방식

2) 王元鹿의 '五書' - 1988년

华东师范大学 中文科 교수인 王元鹿[20]의 '五書'에 대한 내용은 『汉古文字与纳西东巴文的比较研究』의 2장 3절의 「纳西东巴文字的造字方法」(1988)에 보인다.[21]

그의 五書는 ① 象形 ② 指事 ③ 會意 ④ 義借 그리고 ⑤ 形聲인데, 方国瑜의 ① 依類象形과 ② 顯著特徵 ③ 變異本形을 '象形'으로 묶고, ④ 標識事態와 ⑤ 附益他文을 '指事'로 묶었다. 먼저 상형부터 살펴보자.

① 象形

許愼의 象形에 대한 '一曰象形, 畫成其物, 隨體詰詘, 日月是也.'라는 정의처럼, 동파문은 日과 月을 각각 과 의 모양으로 표기하며, 갑골문도 과 등의 모양으로 나타내고 있는데, 모두 실체에 대한 직접적인 묘사이다. 方国瑜는 이러한 상형자를 그의 十書 가운데 '依類象形'으로 분류하였다.

또 동파문은 鷄를 로, 稻를 로 나타내는데 이는 사물의 부분적인 특징을 '畫成'한 상형자로서 十書의 '顯著特徵'에 해당한다. 이는 갑골문에서 羊의 굽은 뿔 부분을 강조하여 으로 표현하는

20) 1946年 9月 出生, 江苏 苏州人이다. 주요 연구 분야는 比較文字学, 普通文字学, 中国民族文字와 古文字学이다.

21) 王元鹿, 「纳西东巴文字的造字方法」, 『汉古文字与纳西东巴文的比较研究』, 华东师范大学出版社, 1988年.

것과 같다.

또 다른 예를 들면 立을 모양으로, 坐를 모양으로, 左와 右를 와 모양으로 표현한 것은 모두 (人)字를 변형시킨 것이다. 허신은 이러한 조자방법을 象形에 두었는데, 의 경우 『說文解字·卷十·夨部』의 '夨(머리가 기울 녈), 頭傾也. 从大, 象形.'과 의 『說文解字·卷十四·了部』의 '孑(짧을 궐), 無左臂也. 从了, 象形.'이라 하였다. 중국의 현대 문자학자인 唐蘭은 이러한 글자들을 '分化'에 의해 조성된 '象意'자에 두었고[22], 方国瑜는 '變易本形'에 두었다.

한자 고문자 학계에서는 이러한 자형들을 象形에 두기도 하고 지사 혹은 회의로 분류하기도 한다. 王元鹿은 허신의 분류에 동의하였는데, 객관 사물에 대한 '畵成(그림으로의 완성)'일 뿐 아니라 물체의 형상에 따라 '詰詘(구불구불하게 형체를 구체적으로 그림)' 하였기 때문이라고 하였다.

② 指事

동파문의 (一), (二), (高, 从丨爲標, 二示其高度)[23],

22) 唐蘭, 『中國文字學』, 76쪽, 上海古籍出版社, 1979年 9月.

23) 『字谱』: 高也, 从丨爲標, 二示其高度.(높다, 표지가 되는 丨을 따랐고 二는 고도를 나타낸다.)' 方国瑜의 『纳西象形文字谱』(1981)의 풀이를 인용하였으며, 해석은 偰玲華의 『納西 東巴文字의 字形 分析』(전남대학교 碩士學位論文, 2009年8月)을 참조하였음. 王元鹿의 논문에는 간략하게 표기되어 있었으나, 필자가 방국유의 저서를 확인하여 정정하였음.

(中, 與矛字同, 或曰借矛字)[24] 등은 추상부호로 이루어진 글자로서, 十書의 標識事態에 해당하는데, 指事에 두어야 한다. 이는 갑골문의 (一), (二), (上), (下)의 구조와 유사하다.

또한 (靠, 从人坐, 背有依靠)[25], (聽, 从耳有所聞)[26], (戴, 从人頭上有所戴)[27] 등은 상형자의 기초 위에 부호를 더한 글자로서, 대체적으로 十書 가운데 '附益他文'에 해당하며 이는 指事에 두어야 한다. 甲骨文의 (刃, 象刀有刃之形)[28], (曰, 亦象口气出也)[29], (甘, 从口含一)[30], (亦, 象兩亦之形)[31] 등은 구조상 위의 동파문과 유사하다.

---

24) 『字谱』: 中也, 與矛字同, 或曰借矛字. (중앙이다. 창과 자형이 같다. 또는 창의 자형의 가차자라고 말한다.)

25) 『字谱』: 从人坐, 背有依靠.(사람이 앉은 것을 따랐고, 등에 기대는 것이 있다.)

26) 『字谱』: 从耳有所聞.(귀에 들리는 바가 있는 것을 따랐다.)

27) 『字譜』: 从人頭上有所戴.(사람이 머리 위에 이고 있는 것을 따랐다.)

28) 『說文』: 刀堅也. 象刀有刃之形.(칼의 단단함이다. 칼에 칼날이 있는 모양이다.) 『說文解字』의 풀이는 『說文解字』(许慎 著, 徐铉 校定, 中华书局, 2004年)을 참조하여 필자가 추가한 것이며, 해석은 『说文解字今释(上·下)』(汤可敬, 岳麓书社, 1997年)을 참조하였음.

29) 『說文』: 詞也. 从口乙聲. 亦象口氣出也.(어조사이다. 口와 乙의 결합이되 乙의 소리를 따랐다. 또는 입에서 기류가 나오는 모양이기도 하다.)

30) 『說文』: 美也. 从口含一. 一, 道也.(아름다운 맛이다. 입이 一을 머금고 있는 모양이다. 一은 맛이다.)

31) 『說文』: 人之臂亦也. 从大, 象兩亦之形.(사람의 겨드랑이 '臂亦'이다. 大를 따랐고, 양 겨드랑이의 모양이다.) 徐鉉 등 형제는 '今別作腋, 非是. 지금은 腋이라고 쓰기 때문에 옳지 않다.'라고 주석을 하였다.

③ 會意

동파문의 (晴, 从日光芒下射)[32], (牧, 从人執杖牧牛)[33], (磨, 从刀在石上)[34], (砍, 从斧砍樹)[35] 등을 방국유는 比類合意에 두었으나 會意에 두어야 한다. 이는 갑골문의 (从, 从二人)[36], 伐(从人持戈)[37], (立, 从大立一之上)[38], (牧, 从攴从牛)[39]과 구조상 대등하다.

④ 義借

이어서 王元鹿은 '義借'라는 분류를 새로 제시하였는데, 곧 '이미 존재하는 글자의 형체를 차용하여 다른 의미나 그와 연관된 의미의 단어로 기록하는 방식'을 말한다. 이는 '本無其字, 依聲託事'가 아닌 '本無其字, 依義託事'에 해당한다. 예를 들면 '綠松石'을 의미

32) 『字譜』: 从日光芒下射.(태양에서 빛이 내리 쬐는 것을 따랐다.)
33) 『字譜』: 从人執杖牧牛. 又作 , 从人牧羊.(사람이 막대기를 쥐고 소를 방목하다. 또 로 쓰고 사람이 양을 방목하는 것을 따랐다.)
34) 『字譜』: 从刀在石上.(칼이 돌 위에 있는 것을 따랐다.)
35) 『字譜』: 从斧砍樹.(도끼로 나무를 패는 것을 따랐다.)
36) 『說文』: 相聽也. 从二人. 隨行也.(서로 듣는 것이다. 두 사람을 따랐다. 따라간다는 의미이다.)
37) 『說文』: 擊也. 从人持戈.(부딪치는 것이다. 사람이 창을 쥐고 있는 모양을 따랐다.)
38) 『說文』: 住也. 从大立一之上.(머무르는 것이다. 큰 사람 모양인 大가 땅 모양인 一 위에 서 있는 것을 따랐다.)
39) 『說文』: 養牛人也. 从攴从牛.(소를 키우는 사람이다. 손에 막대기를 쥐고 있는 攴과 소 牛를 따랐다.)

하는 [glyph][o[21]]은 그 색깔이 녹색이기에 '녹색'이라는 단어로 사용하면서 발음은 [hər[21]]로 읽는 경우이며, '불'을 의미하는 [glyph][mɪ[33]]은 불의 색깔에 빗대어 '홍색'이라는 의미로 사용하면서 [hy[21]]로 읽는 경우이다.

李霖燦은 '火'를 '紅'으로 사용하는 것은 引伸이라고 하였다.[40] 그러나 인신의 경우에 발음은 그대로 유지되는 반면, 이 義借는 발음까지 모두 변하므로, 하나의 글자가 義借로 사용된 후에는 두 개의 다른 단어가 되기 때문에 의차는 새로운 문자의 조자방법이다. 王元鹿은 방국유가 이러한 부류를 十書 가운데 '一字數義'에 둔 것은 타당하긴 하나 엄격히 따지면 義借는 '一形數字'로 바꾸어야 한다고 하였다.

漢古文字에도 이러한 義借 현상이 있음을 다음과 같이 自를 예로 확인하였다. 甲骨文 시기의 自([glyph])는 介詞로 사용되었으며, 古文獻에서는 '自己·自身'의 '自'로 사용되었다. 그러나 甲骨卜辭에는 '有疾[glyph]'(코에 병이 났다. 乙6385)라는 예가 있다. 『說文解字·一上·王部』의 '皇, 大也. 从自……自, 讀若鼻.'이라는 구절에 의거하면 '自'는 원래 그 음이 '鼻'였기 때문에 '코'의 의미인 '鼻'를 기록했다가 나중에 '출발점'이나 '시작'의 의미인 '自'와 '자신'의 '自'로 차용되었음을 알 수 있다. 결국, 義借에 의하면 '自从(~으로부터)'와 '自身'의 '自'는 모두 자신의 '鼻(코)'와 연관이 있는 것이다.

40) 李霖燦 編著·張琨 標音·和才 讀字, 『麽些象形文字標音文字字典(國立中央博物院專刊)』의 「自序」 참조.

⑤ 形聲

동파문의 '崗'(to^{55})은 '从坡()板()聲'이며, '屋後'($dzi^{33}mæ^{33}$)는 '从屋後'로서, 이때 (屋, dzi^{33})과 (後, $mæ^{33}$) 모두 聲符가 되고 있다. 이러한 글자들은 한자의 형성자에 해당되는데, 方国瑜는 '依聲託事'에 분류하였으며, 이 분류는 정확히 옳다.

상술한 상형, 지사, 회의와 義借가 記意의 방식으로 단어를 기록하는 조자방식이라면, 形聲은 記意 兼 記音 즉 '意音'의 방식으로 단어를 기록하는 조자방식이다.

3) 周有光의 '六書' - 1994년

1958년에 공포된 「汉语拼音方案」을 주도하기도 했고 중국언어학자이면서 비교문자학과 문자의 발전규율에 많은 업적을 남긴 周有光[41]은 동파문을 六書로 분석하였다. 그는 「纳西文字中的"六书"」(1994)[42]에서 나시문자에 대하여 多成分, 多層次의 성질을 갖고 있으며, '形意문자'에서 '意音문자'로 넘어가는 과도기적 단계의 문자로 규정하였다.

이에 周有光의 동파문에 대한 특징과 六書에 대한 내용을 살펴보면 다음과 같다.

---

41) 周有光(1906. 1. 13.~), 原名은 周耀平, 周有光은 그의 필명이었는데, 훗날 '有光'은 그의 號가 되었다. 中国 江苏 常州에서 출생, 中国语言学者이자 文字学者이다.

42) 「纳西文字中的"六书"-纪念语言学家傅懋勣先生」, 『民族语文』, 1994年 第06期.

① 象形

單體부호와 合體부호로 이루어지며, 異體字가 많다. 그리고 圖畵性이 아주 강하기도 하고, 약하기도 하다. 그리고 복잡함에서 간략함으로 변하는 動態的인 성질을 갖고 있다. 예를 들면 다음과 같다.

雲	虹	雷

② 指事

두 가지 종류로 나뉘는데, 주로 숫자로 이루어지는 독립적 지사부호와 다른 독립 부호가 더해져 의미를 나타내는 비독립적 지사부호이다. 한자의 木과 刀에 점과 선이 더해져 本, 末과 刃으로 변하는 것에 비유할 수 있다.

– 독립적 지사부호

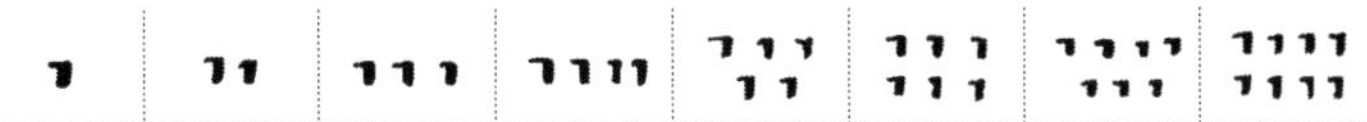

一	二	三	四	五	六	七	八

九	十	二十	三十	百	千	萬

– 비독립적 지사부호

다수	粉	衆	林

위치	分	둘레	소리	說	鳴

숫자는 모두 독립적 지사부호이다. 그리고 무언가가 분쇄되어 다수를 나타내는 이 더해진 것이 粉이며, 두 사람의 주위에 다수를 나타내는 점들이 더해진 것이 무리 衆이고, 나무 주위의 점들도 역시 수풀 林을 나타내고 있다. 위치를 나타내는 o은 좌우에 더해져 나누어짐(分)을 나타내고 있고, o의 주위를 둘러싸서 둘레를 나타내고 있다. 소리를 나타내는 은 사람의 입에 더해지고, 새의 입에 더해져 그 의미를 나타내고 있다.

③ **會意**

주유광은 두 가지로 나누어 분석하였다. 하나 혹은 몇 개의 그림부호(圖符)가 마치 장편의 이야기가 3막 4장으로 이루어진 것처럼 篇과 章, 章과 節, 句節, 成語, 명칭 등을 나타내는, 그래서 '문자로 이루어진 그림(文字畵)'의 성질을 가지는 篇章회의이다. 쉽게 말해 유치원생이 이야기를 그림으로 그려내고 다시 그 그림을 이야기로 풀어내는 것과 유사하다.

또 다른 하나는 두세 개의 그림부호가 결합하여 하나의 단어나 글자를 만드는 語詞회의이다. 먼저 篇章회의의 예 가운데에서 이야기, 즉 篇과 章에 해당하는 예이다.

위의 마치 벽화 같은 몇 개의 문자는 나시족의 天地開闢 신화의 일부이다. 이 신화는 하늘을 덮을 정도의 큰 홍수가 있은 후 인류의 조상인 '査熱麗恩'이 하늘에 올라가 天女인 '翠紅褒白'을 찾는다는 내용인데, 단 세 개의 圖符로 이루어져 있다. 이 글자들은 우선 울타리 위에 앉아 있는 새와 모이주머니를 향하고 있는 화살, 활을 쥐고 화살을 쏘는 남자, 베틀을 쥐고 베를 짤 때 쓰는 북을 던지는 여자의 모양이다.

이 세 개의 글자는 '天女 翠紅褒白이 베를 짜고 있을 때, 얼룩 반점이 있는 한 기러기가 날아와 채소밭의 울타리에 앉아 쉬고 있기에, 査熱麗恩이 활을 쥐고 기러기를 세 차례 겨누었으나 화살을 쏘지 못했다. 보다 못한 翠紅褒白이 연이어 쏘라고 소리치면서 베틀의 북을 던지자 査熱麗恩의 팔꿈치에 부딪혔다. 이내 화살은 발사되었고, 얼룩 반점이 있는 기러기의 모이주머니에 정확히 맞았다.'라는 이야기를 담고 있다.

이외에 이 篇章회의는 다음절의 '명칭'이나 몇 개의 단어가 하나의 글자를 이루어 '成語'를 나타내기도 한다.

명칭 : (사람) + (곡식) = (nɑ^{21}ɕɪ^{33} 나시족)

성어 : (坡) + (艾, 蒿, 쑥) =

(ʐə^{21}kv^{33}pɯ^{33}nɯ^{33}sɪ^{33}, 둑 위의 쑥은 풀보다 먼저 난다.)

이때 의 에 새겨진 검은 점은 나시족을 의미해서, 나시족의 역사가 오래되었음을 나타내고 있다.)[43]

語詞회의의 예는 다음과 같으며, 일반적인 회의의 조자방법과 동일하다.

(晴: 하늘과 태양) (陰: 하늘과 구름)

(砍: 도끼와 나무) (縫: 바늘과 치마)

(婚: 동파무사와 신랑신부) (談: 두 사람과 혀)

④ 假借

周有光은 가차 또한 部分假借와 全部假借의 두 가지로 분류하였다. '部分가차'는 표음을 나타내는 성부가 없는 글자 일부를 同音으로 대체하는 방법이며, 이때 글자 본연의 성질은 바뀌지 않는다. '全部가차'는 완전히 同音으로 대체하여, 비표음문자를 표음문자로 바꾸는 방식이다. 나시 상형문자 가운데 동파문은 전자에, 哥巴文은 후자에 해당한다.

43) 周有光은 IPA와 성조를 표기하지 않았으나, 필자가 문맥의 필요에 의해 추가한 것이다.

동파문의 가차 즉, 부분가차의 예는 다음과 같다.

자형	본의	발음	假借된 이후의 의미
	猴	y^{21}	先祖, 輕, (人)生
	猪	bu^{21}	姻缘(부부의 인연), 輪班(교대 근무), 吻(입술, 주둥이)
	치즈	t‘v^{55}	踩踏(짓밟다), 出錢(지불하다), 剝豆(콩 껍질을 벗기다)
	吊(조상하다)	tʂi^{33}	這(이것), 破(깨뜨리다), 堆(땔감 등을 쌓다)
	箭	tɕɪ^{55}	小(작다), 怕(두려워하다), 馱(싣다, 태)
	天	mɯ^{33}	万(일만), 疤(흉터)
	拴(묶다)	tsi^{55}	算(계산하다)
	毛	fv^{33}	去(가다)
	嚼(씹다)	gɯ^{33}	眞(진짜의)

위에서 보이듯이 차용된 이후의 의미는 원래의 의미와 전혀 관련이 없거나 혹은 연상관계가 있는 것도 있다.

이어 주유광은 동파문의 가차부호를 和志武의 「试论纳西象形文字的特点」에 의거하여 대략 40개로 산정하였다.

⑤ 形聲

동파문의 형성자 구성방식은 한자와 비슷하여, 部首와 聲旁으로 구성되어 있다. 그가 든 예는 다음과 같다.

자형	部首	+	聲旁
to^{55} (崗, 언덕)	坡	+	to^{55} (板)
æ^{21} (岩, 바위)	岩	+	æ^{21} (鷄의 생략형)
sər^{55} (肝, 간)	肝	+	sər^{55} (紫)
be^{33} (村, 마을)	屋	+	be^{33} (雪)
ʦʻo^{33} (樓, 건물)	屋	+	ʦʻo^{33} (跳)
kʻo^{21} (親, 친척)	人	+	kʻo^{21} (籬의 생략형)
tɕi^{21} (甛, 달다)	人(입을 벌린)	+	tɕi^{21} (刺)
gu^{21} (病, 병이 나다)	人(옆으로 누운)	+	gu^{21} (倉)

이 외에도 사람이나 귀신의 이름, 지명 등 명칭만을 나타내는 '專名形聲字'도 따로 분류하였다. 이러한 종류의 형성자는 성방이 다수로서, 다음절의 단어나 명칭을 나타내고 있다. 이는 한자가 단음절 단어이면서 성방이 하나뿐인 것과 다르다. 예를 들면 다음과 같다.

자형	部首	+	聲旁	+	聲旁
sæ^{33}sɪ^{21}dzi^{21} (三思河)	(渠, 도랑)		sɪ^{21} (氣)		(羊毛)

또한, 형성자에 사용되는 부수와 그리고 자주 사용되는 성부를 제시한 점이 특이하다. 부수는 약 40여 개로, 성부는 약 200여 개로 추정하였다. 부수의 예를 몇 개만 들면 다음과 같다.

土	火	人
屋	樹	葉
角	爪	鳥
女	官	心

⑥ 轉注

周有光은 전주에 대한 해석을 '글자의 모양이 약간 고쳐지고, 의미는 약간 바뀐다(字形略改, 字义略变).'라 전제하고 다음과 같은

동파문에 보이는 전주의 예를 들었다.

부호의 방향이 바뀌는 경우 : 月 夜

부호의 畵法이 바뀌는 경우 :

人 卧 鬼

死 左 右

坐 跳 舞

爬

⑦ 周有光의 東巴文에 대한 분석

그는 方国瑜의 『纳西象形文字谱』(1981)에 수록된 동파문의 독체자와 합체자를 합친 총 2,274자(100%)에 대해 일련번호가 있는 1,339자(58%)는 基本字, 기본자 아래에 부가된 685자(30%)는 異體字, 나머지 일련번호가 없는 250자(11%)는 派生字로 분류하였다.

그리고 이 통계는 동파문이 비교적 발전된 形意文字이긴 하나, 정확한 글자의 개수를 확정 지을 수 없고, 一字多形, 同音多字, 자형 大小의 불규칙, 일반적인 형체의 일정하지 않음, 단어의 순서에 따라 규칙적으로 書寫언어가 구현되지 않는 점 등을 들어 동파문은 形意문자와 意音문자의 중간 상태의 문자임을 보여주는 의미가 있다고 하였다.

특히 한자의 갑골문과 『說文解字』의 대표 字體인 小篆體 단계에 보이는 六書의 각 조자방법을 다음과 같이 동파문과 비교하였다.[44)]

文字 / 六書	甲骨文		小篆(說文解字)		東巴文		
象形	276	22.5%	364	3.8%	象形字	1,076	47.3%
會意	396	32.3%	1,167	12.3%	會意字 (指事字 포함)	761	33.5%
指事	20	1.6%	125	1.3%			
形聲	334	27.2%	7,697	81.2%	形聲字 (假借字 포함)	437	19.2%
假借	129	10.5%	115	1.2%			
轉注	0	0%	7	0.1%		제외	
미상	70	5.7%					
	1,225	99.8%	9,475	99.9%		2,274	100%

위의 표를 통해 동파문은 상형을 위주로 하는 形意문자의 공통적인 특성을 갖고 있으며, 또한 동파문이 갑골문 형성자와 비슷한 20% 정도의 비율에 머무르고 있는 것은 한자가 漢代에 와서 형성자의 비율이 80%에 육박할 정도로 증가한 것과 대조적으로 동파문의 발전 단계가 갑골문과 가까운 증거임을 알 수 있다고도 하였다.

이러한 상형자의 특성 이외에 指事字 또한 독립적인 지사부호로 이루어진 지사자가 있는가 하면 부가적인 자부로 이루어진 지사자

44) 周有光의 논문에서는 글자 수와 백분율 등 수치상의 오류가 있어서 필자가 별도로 확인하여 정정하고 도표화하였음. 아울러 갑골문의 비율은 형성자만을 20%로 추정하였으나 李孝定의 「殷商甲骨文字在漢字發展史上的相對位置」(『中央研究院歷史語言研究所集刊』, 第64本, 4分 1993.)의 자료를 梁東淑의 『그림으로 배우는 중국문자학』(서울, 차이나하우스, 2006, 128쪽)에서 재인용하여 27.2%로 수정하고 나머지는 추가로 보충하였으며, 소전의 가차와 전주도 추가하였음.

도 있고, 會意字 역시 긴 단락의 이야기를 나타내는 회의자와 단어가 결합한 회의자, 그리고 단어로만 이루어진 形聲字 및 구나 절로 이루어진 형성자 등이 있다고 하였다. 假借字 또한 東巴文은 부분적인 가차인 반면 哥巴文의 가차는 전체가 가차로 이루어져 있어서 동파문이 古漢字에서는 볼 수 없는 초기 육서의 변화상을 보여주고 있는 것이라 분석하였다.

갑골문은 그 출현 시기를 기원전 1,300년쯤으로 추정하고 있는 반면 동파문은 1,000년 전에 만들어졌다고 보고 있기 때문에 시기상 직접적인 비교는 무리가 있으나, 동파문의 구성 방식으로 보아 그것이 갑골문처럼 상형자가 차지하는 비중이 크다는 것은 形體에 意味를 두고자 하는 상형문자의 본질에서 두 문자의 특징을 보여주는 일리 있는 분석이자 통계라 하겠다.

4) 東巴文의 合體字

나시 동파문의 독특한 특징으로, 두 개 이상의 字符가 결합한 單語나 句를 들 수 있다. 일반적으로 한자는 會意字나 形聲字에서 두 개나 많으면 세 개의 의미나 발음을 나타내는 부호들이 결합하여 하나의 글자를 만든다. 그런데 동파문은 이러한 조자 방식은 같더라도 한자와는 다른 차이를 보인다. 이에 대해 연구된 논의를 보면 다음과 같다.

和志武는 「试论纳西象形文字的特点」(1981)[45]에서 이런 특수한 현상에 주목하여 동파문의 '合體字'라는 개념을 제시하였는데, 합체는 두 개 혹은 그 이상의 상형부호로 조성되는데, 그것은 회의자와는 다르며, 그것은 나시語에서 句(phrase)나 심지어는 문장(sentence)을 이루기도 한다고 분석하였다. 예를 들면 다음과 같다.

mbi^{21}kɤ^{55}ʐuɑ^{33}nɑ^{21} 飛驥[46] : 句(詞組: 두 개 이상의 單語가 일정한 규칙에 따라 구성)

ngæ^{21}hæ^{33} 佩劍[47] : 句(短语: 單語와 單語의 결합 = phrase)

ly^{33}ndzər^{55}ly^{33}ʂər^{21} 守糧食[48] : 句(短语: phrase)

和志武는 위의 자형만을 제시했을 뿐 다른 설명을 가하진 않았다. 方国瑜의 『字譜』를 참조하면, 하늘을 나는 천리마  는 말과 발굽과 날개가 결합한 하나의 글자이며, 는 사람과 허리에 찬 칼의 결합,  는 앉아있는 사람과 그 사람이 지키고 있는 식량의 결합이다.

傅懋勣은 「纳西族图画文字和象形文字的区别」(1982)[49]에서 동파

45) 和志武, 「试论纳西象形文字的特点-兼论原始图画字、象形文字和表意文字的区别」, 『云南社会科学』, 1981年 第03期.

46) 『字譜』: 驥也, 字从大馬, 出蹄生翅, 奔騰如飛也.(천리마다, 큰 말을 따랐고, 발굽이 나와 있고 날개가 있다, 나는 것처럼 내달린다.)

47) 『字譜』: 佩也, 佩劍也, 从人腰間佩刀.(차다, 검을 차다, 허리사이에 칼을 차고 있는 사람을 따랐다.)

48) 『字譜』: 曬糧也, 从人坐守糧. (겉곡 즉, 껍질을 벗기지 않은 곡식을 말리다, 사람이 앉아서 곡식을 지키는 것을 따랐다.)

49) 傅懋勣, 「纳西族图画文字和象形文字的区别」, 『民族语文』, 1982年 第01期.

문을 두 가지의 특징으로 분류하였는데, 그 중 하나가 '그림 이야기책과 유사한 문자(类似连环画的文字)'로서 图畵文字로 불러야 한다고 논하였다. 그는 또 이러한 도화문자의 특징을 '字組'라는 개념으로 제시하였다. 즉, 몇 개의 形象이 합쳐지는 경우가 字組인데, 이때 내부적으로 각각의 형상은 상호의존적이라고 하였다.[50] 傅懋勣의 이러한 견해는 동파문의 특수한 현상인 한 개의 글자가 하나의 음절로 이루어진 도화문자가 아니라 여러 개의 형상이 연이어 이어지는 도화문자라는 점을 제대로 지적한 분석이다.

이 '字組'와 동일한 개념이 '合文'이다. 喻遂生은 「纳西东巴字字和字组的划分及字数的统计」(2003)[51]에서 글자와 그것이 기록하는 언어와의 대응관계로 字와 字組의 기준을 삼아야 하며, 그래서 字組는 몇 개의 독립적인 字가 단어·구·문장을 기록할 때 구성되는 조합이며, 字組의 音과 의미는 이러한 字組를 이루는 각 字의 음과 의미가 합쳐져서 이루어진 것이라고 하였다.

다시 喻遂生은 「东巴文研究材料问题建言三则」(2008)[52]에서 한자, 즉 고대한자는 주로 單音節로 단어가 이루어지는 구조인 것에

50) 나아가 하나의 형체가 위주가 되고 나머지 요소가 부가적으로 붙어지는 경우는 '單體字組', 두 개의 字組가 합쳐지는 경우는 '複合字組'라고 분석하였다.
51) 喻遂生, 「纳西东巴字字和字组的划分及字数的统计」, 『纳西东巴文研究丛稿』, 2003. (李杉, 「纳西东巴文构形分类研究的探讨」, 『理论月刊』, 2011年 第03期에서 재인용.)
52) 喻遂生, 「东巴文研究材料问题建言三则」, 『纳西东巴文研究丛稿』(第二辑), 2008年. (李杉, 「纳西东巴文构形分类研究的探讨」, 『理论月刊』, 2011年 第03期에서 재인용.)

반해 나시 동파문은 雙音節이거나 多音節로 된 단어가 많다고 하였다. 예를 들면 '水尾 dzi^{21}mæ^{33}'에 대해 方国瑜는 『纳西象形文字谱』에서 '从水从 mæ^{33}, 尾'의 形聲字로 분석하고 있다. 그러나 '水尾'는 사실 일종의 句(字組, phrase)라 할 수 있는데, 즉 (水 dzi^{21})와 (尾 mæ^{33})라는 독립적인 음과 의미를 갖는 두 개의 글자가 합쳐져서 이루어진 일종의 '合文'이라고 분석하였다.

李靜은 「东巴文合文研究」(2008)[53]와 자신의 华东师范大学 박사학위논문인 『纳西东巴文非单字结构研究』(2009)[54]에서 '非單字結構'라는 술어를 제시하였다. '동파문은 單字 이외에도 圖畵와 准文字가 있는데, 이것들이 혼합적으로 함께 사용되는 조합'이라는 의미이다.

그는 동파문이 문자의 초기 단계에 속한다고 추정한다. 초기 단계 문자의 여러 특징 가운데 특히 合文이 다량으로 존재하는 데 그 근거를 두고 있다. 그가 제시한 동파문 合文의 특징은 다음과 같다.

첫째, 합문은 반드시 독립적인 두 개 혹은 두 개 이상의 單字로 구성되어 있다. 이는 문자의 초기 특징, 즉 圖畵的인 특징을 보유하고 있는데, 이때 도화적인 요소는 독립된 單字가 아니다. 이러한 도화적 요소와 單字의 결합은 동파문의 독특한 구조로서 일반적인 合文과 구별되어야 한다.

---

53) 李 静, 「东巴文合文研究」, 『兰州学刊』, 2008年 第12期
54) 李 静, 『纳西东巴文非单字结构研究』, 华东师范大学 博士學位論文, 2009年 4月. 이 논문은 非单字結構를 合文, 字組, 字段, 複合字形의 네 가지 유형으로 나누고 있다.

둘째, 合文은 독자적인 讀音이 있을 뿐 아니라 單字의 음만으로 구성되기도 한다. 또한, 조합 안에서 발음되지 않는 單字도 있다. 이 역시 일반적인 合文과 다르다.

셋째, 외형적으로 볼 때 조합된 單字들은 대단히 긴밀하게 결합해서 마치 하나의 글자처럼 보인다. 그러나 이들 單字와 單字의 결합이 반드시 하나의 형체로 완벽하게 융합되는 것은 아니다.

그는 方国瑜의 『纳西象形文字谱』에 수록된 모든 合文을 單字의 수, 구조, 위치, 기능 및 발음이라는 다섯 가지 관점으로 고찰하고 있는데, 單字의 數만을 보면 다음과 같다.

i) 二字合文

[1228][55] ɕy^{55}t'a^{55}(柏樹塔, 측백나무 탑)

= ɕy^{55}(柏樹) + t'a^{55}(塔)

ii) 三字合文

[126-10] la^{33}t'a^{55}hɯ^{55}(泸沽湖, 호수의 이름)

= la^{33}(虎) + t'a^{55}(塔) + hɯ^{55}(海)

iii) 四字合文

[72] mɯ^{33}t'ɤ^{33}dy^{21}k'u^{33}(天地初開)

= mɯ^{33}(天) + dy^{21}(地) + t'v^{21}(桶) + k'u^{33}(門)

55) 方国瑜의 『纳西象形文字谱』에 수록된 번호임. 이하 동일함.

iv) 五字合文

[111-9] la^{33}ba^{21}la^{33}pa^{55}ko^{21} : 石鼓老巴山(산 이름)

= 哥巴字 [la^{33} + ba^{33} + la^{55} + pa^{55}] + ko^{21}(草原)

이상의 논의를 통해 동파문의 문자 체계는 서로 다른 발전 정도를 보이는 문자가 병존하고 있으며, 이러한 현상은 특히 고대 한자와 다르기 때문에 기존의 '六書'로 雙音節 혹은 多音節 부호로 이루어진 동파문을 분석해서는 한계에 봉착할 수밖에 없음을 알 수 있다. 다시 말해 동파문 분석에는 東巴文만의 시각과 신중함이 필요하다 하겠다.

2. 境界線에 서 있는 文字

1) 納西 象形文의 特徵

이상 나시족의 동파 상형문자의 조자방법에 대한 연구 내용을 살펴보았다. 각 학자들의 내용은 부분적으로는 일리가 있으나, 전체적으로는 일치하지 않는 상황이 있는가 하면, 전체적으로는 타당하나 세부적으로는 모순이 있는 현상도 있었다. 필자 역시 동파문의 조자방법을 몇 가지로 분석할 수는 있겠으나 이 역시 전체와 부분, 부분과 전체를 통섭하기에는 다른 학자들처럼 무리가 있을 수밖에 없다. 이 말은 동파문은 동파문의 자체적인 특징과 성격에 맞는 기준이 필요하며, 그것이 비록 상형문자라 할지라도 漢字를 분석하는 六書의 기준으로는 적절하지 않음을 의미한다.

그래서 동파문자는 원시적이라기보다는 성숙하지 않은 소박한 단계에 머물러 있다고 할 수 있다. 그 특징을 간추려보면 다음과 같다.

첫째 : 有形의 字는 많으나 無形의 자는 적다. 동시에 名詞 특히 人名과 神名 등이 많으며 동사나 형용사는 적다.

둘째 : 글자의 모양과 의미가 대단히 긴밀하게 밀착되어 있다. 예를 들어 각종 나무의 명칭은 특정 나무의 모양과 특징을 자세히 묘사하여 의미를 나타내고 있다.

셋째 : 글자의 大小와 방향으로 의미를 구분하고 있는 것 등이다.

이는 동파문자가 일반적인 회화와는 다르다는 의미인데, 즉, 具體와 寫實에서 抽象과 寫意의 방향으로 변해왔으며, 이는 문자의 불규칙한 곡선으로부터 규칙적인 직선으로 발전하는 성질을 반영하는 것으로서, 符號의 역할이 강조되었음을 의미한다.

그래서 동파문자는 일반적인 상형문자와 다른 특징을 지니고 있다. 그 이유는,

첫째, 글자의 수량에서 동파문은 그 체계가 상대적으로 간단하여 약 2,000여 자인 반면, 한자는 상형문자이면서도 약 50,000여 자에 이르고 있으며, 각각의 한자는 그 의미가

특정의 의미를 구체적으로 반영하고 있으며 또한 대단히 상호 연계적이어서 나타내는 의미가 다양하다.

둘째, 구조에서 동파문자는 한자처럼 완전히 성숙한 단계에 이르지 않았기 때문에, 표의의 기능이 한자처럼 명확하지가 않다. 즉, 어떤 개념에 대해 제한적인 정보만을 문자에 나타내는데, 사물의 윤곽을 간단한 필획이나 회화적인 그림으로 그 의미를 보여주고 있는 것이다.

결과적으로 東巴문자는 엄격히 말해 圖畵문자에도 그렇다고 象形문자에도 속하지 않는, 그 중간 단계의 과도기적 상태라 할 수 있다. 이는 인류의 문자가 도화문자로부터 상형문자로 轉變되었다는 중요한 증거이기도 하다.

이에 동파문자의 조자방법에 대해서는 이상과 같은 기존의 분석을 검토 및 비판하는 것으로 끝맺고자 한다. 그러나 동파문이 조자방법 이외에 갖는 특징은 다음과 같이 짚어볼 수 있겠다.

2) 納西 象形文의 取象과 構形

哈尔滨学院 教育科学学院의 苏影은 「论象形字的取象与构形」[56]에서 한자 상형자와 동파문 상형자의 차이를 비교하여 상형자가 어떻게 사물의 형상을 취하는 가의 取象과 그것을 구조적으로 문자화하는지의 構想에 대해 논했다. 또한, 绵阳 师范学院 文学与传播学院 孔明玉의 「试论纳西东巴文象形字假借字的特点」[57]과 云南省 丽江市

56) 苏影, 「论象形字的取象与构形」, 『哈尔滨学院学报』, 2010年 第01期.

东巴文化研究所 李静生의 「纳西东巴文与甲骨文的比较研究」[58] 또한 이 동파문에만 머무르지 않고 한자와의 비교를 통해 비교적 객관적인 분석을 보여주기에 다음과 같이 요점을 소개하되, 필자의 견해 및 여타 논문의 분석을 곁들여 논하겠다.

① 사물의 전체를 묘사 – 整體象形

이른바 '整體象形'은 사물의 부분이 아닌 형상 전체를 그려내는 것으로 이렇게 만들어진 글자의 모양이 곧 글자의 의미가 되는 것을 말한다. 한자도 이에 속하는데, 이 整體象形字는 다시 두 가지로 나누어진다.

첫째, 인류가 자연과 접촉하면서 접촉하는 사물의 외형을 그려 문자화하는 것으로, 그 묘사는 구체적, 사실적, 직접적이다. 마치 회화의 세밀화 혹은 정밀화 같은 이른바 細緻描寫이다.

한자를 예로 들면  鷄, 燕,  魚,  首 등은 회화적 初期象形字에 가까우며, 대부분 사물의 전체를 세밀하고 자세하게 묘사하고 있다. 이는 허신이 말한 '隨體詰詘'하기 위한 전제조건이기도 하다.

동파문을 예로 들면 瓜, 燕,  目 등도 모두 사물의 전체를 직접적으로 묘사해서 형체를 완성한 상형자이다.

둘째, 사물의 전체 윤곽을 대체적으로 묘사하는 것으로서 이러

57) 孔明玉, 「试论纳西东巴文象形字假借字的特点」, 『绵阳师范学院学报』, 2007年 第09期.
58) 李静生, 「纳西东巴文与甲骨文的比较研究」, 『云南社会科学』, 1983年 第06期.

한 생각을 그려내는 듯한 寫意式의 묘사는 그 묘사하는 선이 훨씬 간단하다. 한자의  又(오른손),  斤,  戈와 동파문의 天(둥글며 지붕이 있는 하늘), 人(사람) 등이 그 예이다.

상형자 가운데 細密畵 같은 정체상형은 훨씬 원시적인 도화문자에 가까우며, 寫意式의 정체상형자는 문자의 추상화 내지는 부호화를 체현한 그래서 비교적 진보된 것이라 할 수 있다.

② 국부적 특징의 돌출 - 局部象形

문자는 언어를 부호로 기록하는 것이기에 의미 전달에서 간결함과 정확성이 요구된다. 상형자 역시 하나의 문자가 되기 위해서는 사물의 가장 典型的이면서 동시에 다른 것과 구분되는 특징을 묘사할 수 있어야 한다. '모범이 될 만한 본보기'로 풀이되는 소위 '典型'은 예를 들면 사람이나 소(牛) 혹은 말(馬)을 그려낸 글자를 보고서 누구나 다 사람을 사람으로 소나 말을 소나 말로 공감할 수 있는 형태를 말하는 것으로 이해하면 된다. 소를 그린 글자를 보고서 누군가 말이라고 하면 이는 전형화에 실패한 것이다.

결국, '局部象形'은 사물의 국부적 특징을 그려내어 사물 전체를 대신하는 것이다. 다시 말해 '부분'으로써 '전체'를 대표하는 이러한 상형자를 局部象形字라 한다. 예를 들어 한자의  衣는 의복의 옷깃과 소매만을 간결하게 묘사하였을 뿐 옷자락 등은 생략하였음에도 '옷'이라는 의미를 나타내기에 부족함이 없다.

이 국부상형은 정체상형에 비해 문자가 훨씬 더 간결하게 된 발전을 보여준다.

다시 예를 들어보면 한자의 牛와 羊은 모두 소나 양의 전신을 그리지 않고 머리 부분만을 돌출적으로 강조했다. 東巴文에도 동물과 관련된 많은 글자가 있는데, 역시 동물 머리 부분의 특징을 그려 의미를 나타내고 있다. 예를 들면  牛,  象,  鼠 등이다.

한편, 일부이긴 하나 동파문은 整體상형과 局部상형을 동시에 사용하여 글자를 만들기도 하는데, 특히 동물류의 글자가 그렇다. 예를 들면  虎,  馬,  象 등이다. 그러나 이러한 예는 극히 드물며 일반적으로는 머리 부분만을 그리기 때문에 독립된 특징으로 분류하기에는 무리가 있다.

③ 형체 추가, 의미 부각 – 合體象形, 加體象形, 複體象形

造字의 과정에서 대상을 직접적으로 표현하기도 하지만, 배경을 더해 그 의미를 부각시키기도 한다. 전자를 전통 문자학에서는 獨體상형자라 하고, 후자를 合體상형자 혹은 加體상형자라 한다.

한자의 경우 眉, 果, 舌, 동파문의 경우  眉, 果,  舌 등은 獨體상형자이며, 한자와 동파문의 조자방법이 대단히 유사한 合體상형자의 예를 들면 다음과 같다.[59]

59) 合體상형자의 예는 李静生의 「纳西东巴文与甲骨文的比较研究」를 참조하였음.

동파문	漢字	方国瑜 설명	갑골문	漢字	字義 설명
	吃	从人張口从飯		卽	人取食器
	亨	从二人共食		饗	兩人對食
	耕	从二人執犂		耤	人執耒耕地
	孕	从婦人懷子		孕	从婦女懷子

굳이 설명하자면, (吃)과 (卽)은 모두 식사를 하기 위해 밥그릇으로 대표되는 식기 앞에 사람이 있는 모습이다. 역시 두 사람 사이에 식기가 놓여있는 과 , 농부가 농기구를 쥐고 있는 과 , 배 안에 자식을 잉태한 아녀자의 모습 과 . 이들 모두 조자를 위한 造形의 방식이 대단히 유사하며 字義 또한 같다.

마치 번체자인 동파문과 그것이 간체자로 변한 갑골문을 보는듯 하다. 하지만 簡·繁體字의 관계는 아니다. 그런데도 동파문의 사람은 머리와 두 팔과 두 다리가 모두 완전히 갖추어진 반면에 갑골문은 머리는 간략한 곡선이며 두 팔과 다리 역시 하나의 선으로 이루어져 있다. 그렇다면 문자의 발전상 簡體字가 繁體字로부터 나왔어야 하겠지만, 그러나 갑골문은 그 역사가 3,300년이며 동파문은 1,000년이니 간체자에서 번체자로 문자가 퇴보했을 리는 없고, 결국, 동파문은 독자적으로 造形과 造字를 한 글자로 보아야 한다.

이처럼 글자의 모양에서 간결함과 번잡함이 존재한다면 반면 상형자는 독체상형자로부터 합체상형자로 발전했다. 이는 인류의 사유활동이 갈수록 추상화되고 복잡해짐을 반영하는 것이다. 즉, 비교적 원시적인 구체적 사유가 추상적인 개념적 사유로 발전함에 따라 문자 역시 독체상형에서 합체상형으로 발전을 촉진했다고 할 수 있다. 이러한 변화 및 발전은 동파문과 갑골문 모두 역사의 법칙에서 예외가 아니다.

여기서 한 가지 특히 주의해야 할 사항이 있다. 합체상형은 일종의 寫意의 방식이라 할 수 있는데, 단독글자 두 개가 합쳐져 개념을 만들어 낼 때 반드시 그 글자들의 의미가 직접적인 작용을 하고 있어야 한다는 것이다. 예를 들어 人과 木이 합쳐진 休는 합체상형이 되기 위해서는 '사람의 나무'여야 하겠지만, '쉬다, 휴식하다.'의 의미이니 이미 '사람'과 '나무'가 직접적인 작용이 아닌 간접적인 작용을 하고 있으니, 합체상형자가 아니라 會意字이다.[60]

④ 기존 상형자의 변형 – 變體象形

상형의 방식 가운데에는 기존의 상형자를 일부 간단히 변형시켜 그 본래의 의미를 살리면서 새로운 의미로 활용되는 경우가 있다. 주로 방향의 전도, 필획의 생략이나 감소 등이 그 방법인데, 한자의 경우 木의 절반을 생략하여 나머지를 취한 것이 片(조각 편)[61]이라면, 동파문의 경우 木의 방향을 넘어뜨린 것이 도끼에

60) 사실 李靜生의 상게논문에서 예로 든 即은 동파문의 吃과 비교하기 위해 제시한 예일 뿐, 정확히 말하면 會意字로 보아야 한다.

61) 『說文解字·卷七·片部』 : 判木也. 从半木.

쓰러진 砍자가 그 예이다. 두 가지 예 모두 '나무'의 본래 의미는 변하지 않았다.

이러한 변체상형자는 특히 인체와 관련된 글자들이 많다.

甲骨文			東巴文		
자형	의미	설명	자형	의미	설명
	大	**큰 대**: 사람이 정면으로 서 있는 모양		人	사람이 정면으로 서 있는 모양
	夭	**어릴 요**: 양어깨를 흔드는 모양		腰	굽은 허리의 모양
	夨	**머리 기울 녈**: 머리가 기울어진 모양		舞	손을 흔들며 춤추는 모양
	交	**사귈 교**: 양 정강이가 교차하는 모양		跌	거꾸로 넘어진 모양

사물의 형상을 묘사하는 방법은 다양하다. 특히 글자의 각도를 바꾸는 변체상형은 사물에 근거한 글자의 모양이 확정되면 그 사물의 또 다른 특징이나 다른 각도로 얼마든지 확장된 의미를 나타낼 수 있음을 의미한다. 동파문과 갑골문이 서로 유사하면서도 다른 모양을 보여주는 것은 表意의 수요에 따라 얼마든지 그 모양을 자유롭게 변형시킬 수 있음을 보여주는 증거이기도 하다.

⑤ 상형의 다양한 방법

이상의 동파문과 한자(갑골문)의 상형자의 비교를 통해 한자 상형자는 寫意의 묘사에 뛰어나 선이 간결하고 개략적이며 동시에 추상적인 부호가 많음을 알 수 있다. 반면 동파문 상형자는 정밀화처럼 선이 꼼꼼하며 정교한 동시에 具象的이다. 때문에 한자에 비해 원시적인 도화문자에 가깝다고 할 수 있다.

결국, 한자와 동파문의 取象과 構形이 서로 大同小異하다. '大同'은 한족과 나시족의 상형부호를 창조하는 사유방식이 기본적으로 일치한다는 의미이며, '小異'는 두 민족의 지리적 환경과 언어 토양이 서로 다른 문화적 차이를 낳았으며, 그로부터 차이가 비롯되었음을 의미한다.

제 4 장

水書와 象形文字

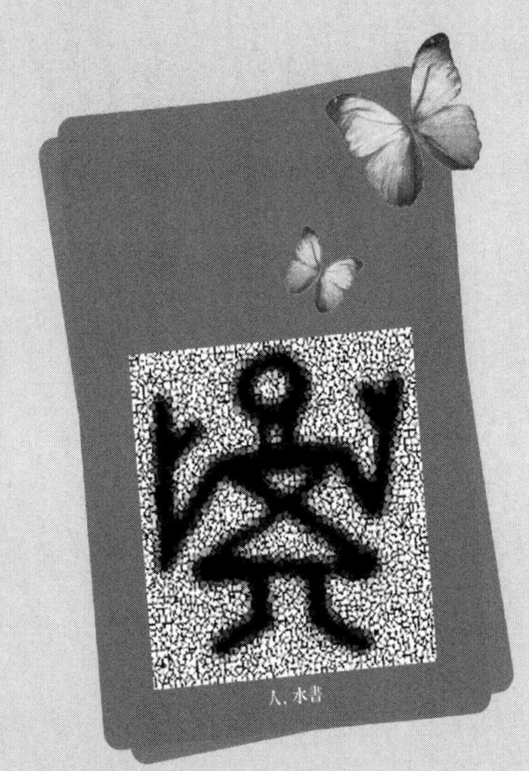

人, 水書

水書와 象形文字

水族과 水書

水書는 물로 쓴 글자가 아니다. 얼핏 우스갯소리처럼 들릴 수 있으나, 이는 水書가 그만큼 세간에 알려지지 않았으며, 그 연구가 아직 박약하다는 방증이기도 하다. 水書는 다름 아닌 중국 소수민족의 하나인 水族의 古文字이자 書籍을 이른다.

1. 水族의 起源

중국의 水族 인구는 2000년의 인구조사에 의하면 407,000명이며, 그 중 90.8%에 해당하는 369,723명이 중국의 서남부인 貴州省[1])에 분포하며 특히 三都 水族 自治縣에 집중되어 있다.[2]) 나머지는 廣西省 북부와 雲南省 동부에 흩어져 있다.

水族은 자칭 「sui^{33}」라 부른다. 여기에는 '水'의 의미가 있으며, 水語의 「sui^{33}」에는 '疏通'과 '順理'의 의미가 있다. 唐宋시기에는 수족을 회유하기 위해 撫水州[3])를 설치하였고, 史籍에는 그들을 人변에 水를 더한 亻水, 犬변에 水를 더한 犭水 등의 합성자를 만들어 표기하거나 水家, 水家苗 등으로 대체해 사용하였었다. '水族'이라는 명칭으로 확정된 것은 1956년이다. 그러나 정작 「sui^{33}」에는 어떤 함의가 있지 않으며, 단순한 호칭의 발음일 따름이다. 아이러니하게도 수족은 자신들의 문자가 있음에도 자신들의 사적을 기록하지 않았다. 이로 인해 수족이라는 민족의 연원을 고증하기가 쉽지 않으며, 수족과 접촉이 많았던 漢族의 문헌자료에도 거의 기록되어 있지 않다.

---

1) 중국의 남부와 서남부에는 지형적 특징으로 인해 오랜 기간 동안 漢族을 피해 자신들의 삶터를 이룩한 소수민족이 많이 거주하고 있다. 貴州省에는 17개의 소수민족이 거주하고 있다.

2) 中华人民共和国 国家统计局(National Bureau of Statistics of China, http://www.stats.gov.cn/)의 第五次 人口普查数据(2000年) 참조.

3) 『唐书·南蠻傳』, '開元中, 置莪·勞·撫水等羁縻州.(개원 년간에 莪·勞·撫水 등을 회유하기 위한 주를 설치하다.)', 「贵州省地方志摘抓委员会编, 『贵州省志·民族志』, 贵阳, 贵州民族出版社, 2002年10月版, 下册第60页.(翟宜疆, 「水文造字机制研究」(2007), 2쪽에서 재인용함.)

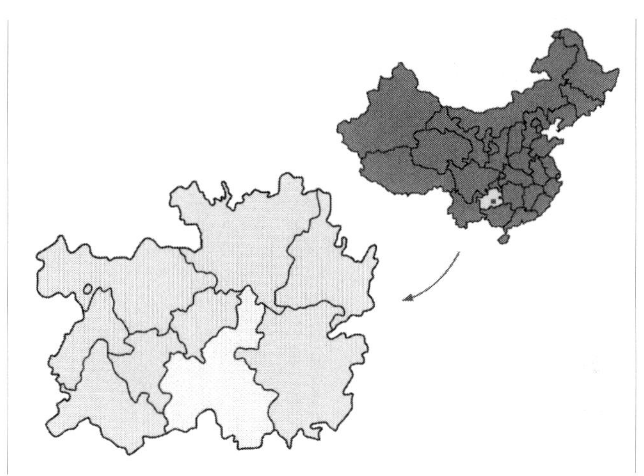

貴州省과 三都水族自治縣이 있는 黔南布依族苗族自治州

결국, 수족을 지칭하는 水와 睢는 수족의 발음을 漢語로 音譯한 것이다. 수족이 자신을 지칭하는 睢라는 명칭은 그들이 睢水 유역에서 발상했기 때문에 얻은 명칭으로 알려지고 있다. 睢水는 河南省 동부에 있는데, 이 지역이 古代 夏商문화권에 속한다. 그래서 민간에서는 '飮睢水, 成睢人(睢水의 물을 마시고 睢 사람이 되었다.)'라는 설도 있다. 이에 근거해 학자들은 '水書가 夏商문화의 유산이자, 水族의 정신적 지주'라고도 하며, 한편으로 민간과 학술계에서는 '殷人후예설', '百越[4]원류설', '江西이주설' 등을 주장하기도 한다.

4) 고대의 嶺南지역 및 東南연해 일대에 많은 부락이 있었는데, 사학계에서는 이를 '百越'이라 통칭한다.

지금까지 수족의 기원에 대한 연구 결과 비교적 일치된 결론은 水族은 고대 중국 남방의 '百越族'의 일부인 '駱越族'이 점진적으로 발전한 단일민족이라는 것이다. 水族의 민간 가요도 이를 반영하고 있는데, '수족의 선조는 원래 邕江 유역의 岜雖山일대에 거주했었는데, 훗날 전쟁의 영향으로 고대 선민들이 邕江을 떠나 지금의 廣西省 河池市와 南丹 일대의 沿龍江을 거슬러 올라가, 다시 지금의 黔(貴州省)과 桂(廣西省) 변경으로 옮겨 가게 되었다. 이때부터 駱越의 본류로부터 분리되어 점차 단일민족으로 발전하게 되었다.'[5]는 내용이다.

그러나 일반적으로 先秦 시기 이전은 史料가 충분하지 않다. 수족 또한 先秦 이전 시기의 역사적 흔적은 마찬가지로 확실하지 않다. 그럼에도 수족의 문자가 우리에게 先秦의 흔적을 보여주고 있다. 이는 수족 고문자의 기원을 先秦 시기 이전으로까지 거슬러 올라가게 하며, 단일민족으로 정착한 이후 원시문자의 기초 위에 자신만의 독특한 문자를 만들었을 가능성을 인정케 한다. 그러나 차후 언급하겠지만, 단일민족으로 성립한 수족은 고유의 단일문자를 만드는 데에는 실패하였다. 주요 원인으로는 첫째, 정치적 멸시와 핍박. 둘째, 경제적 낙후. 셋째, 문화적인 폐쇄성 등을 들 수 있겠다.[6]

5) 『水族简史』(贵州省民族出版社, 1985年, 6~91쪽), 韦宗林, 「水族古文字探源」(『贵州民族研究』, 2002年 第2期)의 165쪽에서 재인용.

6) 세부적으로는 ① 秦 이래의 민족적 핍박, ② 핍박으로부터 벗어나기 위한 이주와 그에 따른 고통 그리고 전쟁, ③ 전란을 피해 산간지역에 작은 단위로 거주해야 하는 연유로 인한 사회정치적 조직의 부재, ④ 경제적으로 발전하지 못한 낙후함과 대외적 폐쇄 등으로 설명할 수 있다.

何光岳의 『百越源流史』[7]에 근거하면 水族의 선조들은 殷商이 망한 후 中原으로부터 남쪽으로 이동하여 百越族과 합류하였다고 하였는데, 자세히 보면 그 先民인 洛氏는 商에게 멸망한 이후 일부는 핍박에 의해 남쪽으로 이동하여 周의 백성이 되었다. 그 후 춘추시기 초기에 湖北省의 襄陽을 거쳐 湖南省으로 흘러들어 갔으며, 楚나라 시기의 핍박에 다시 남쪽으로 이동하다가, 대략 戰國시기에는 廣西省으로 옮긴 후, 百越의 지류가 되었다고 하였다.

洛(luò), 雒(luò, lè), 駱(luò)은 세 글자가 서로 발음상으로도 유사하며 이는 어떠한 친밀관계가 있음을 반영하는 것이라 볼 수 있다. 때문에 만약 洛氏가 駱越의 先民이라면 洛氏와 商은 동일한 시기에 周에게 패망하였으니, 이 점을 고려하면 수족은 최소한 고대 문명의 부족임에는 틀림이 없을 것이며, 이는 곧 수족 고문자를 그 문화의 유산으로 볼 수 있는 근거가 된다.

또한, 40여 년 동안 고고학계에서 의문의 대상으로 여겨지고 있던 夏代의 陶片에 새겨진 24개의 부호는 河南省과 관련이 있는 것으로만 여겨져 왔었는데, 水書와 관련한 언론의 보도가 있은 후 貴州省의 문서보관소가 이 부호들을 변별할 수 있는 수서 자료를 제공하여 마침내 夏代 陶片의 부호와 대응하는 십여 개의 부호를 찾을 수 있었다. 이것은 水族 고문자가 夏代의 문화유물 부호와 일맥상통한 것이며, 夏商시기의 華夏民族 가운데 수족의 선조들이 포함되었다는 것을 알 수 있게 한다. 때문에 수서가 만들어진 지역도 초기에는 西北 일대였다가 北方에서 점차 江西로 전해지다가 다시

7) 『百越源流史』(何光岳, 江西教育出版社, 1989年 12月), 95~104쪽 참조.

江西에서 貴州省으로 옮겨진 것이라 볼 수 있다. 江西이주설의 내용이다.

그리고 張爲綱 교수는 『水族源流試探』에서 '水族은 河南의 「豕韋」 지역에서 發祥하였는데, 이 두 글자가 「水, 睢」의 음과 같으며, 나아가 水族의 고문자는 갑골문, 금문과 유사할 뿐 아니라, 귀신을 숭배한 것도 殷나라와 같음으로 인해 殷의 유민임에 틀림이 없다.' 고 하였다.

이렇게 본다면 水書는 그 창조 시기가 夏商시대까지 거슬러 올라가게 되거나 그 이전의 시기까지 추정할 수 있으며, 水語 또한 고대 시기 한족과 수족 간의 교류로 인해서인지 71개나 되는 많은 聲母와 55~80개의 韻母[8]를 갖고 있을 정도로 간단·단순하지 않으며, 동시에 原始的이다.

2. 水書의 意味와 水書의 內容

앞 1장에서도 간략히 언급했지만, 水族들은 水書를 '勒睢' 혹은 '泐睢($le^{124}sui^{33}$)'라 한다. '勒'과 '泐'는 모두 '문자'나 '서적'의 의미이며 '睢'는 '水族'이라는 뜻이니, '泐/勒 of 睢' 혹은 'character of shui'로서, 결국 水族의 문자, 水族의 글, 즉 水書라는 의미이다.[9]

8) 水語는 漢藏語系, 壯侗語族, 侗水語支에 속한다. 그리고 壯語, 侗語, 布依語, 泰語 등 대부족의 聲母는 22~30개이며, 韻母는 80여 개이다.

9) 水書에는 普通水書(le kwa-白書)와 秘傳水書(le nam-黑書)의 두 종류가 있는데, 이 둘 사이에는 글자 모양이나 발음에는 차이가 없으며, 단지 글자의 뜻과

이때 '勒睢' 혹은 '泐睢'는 당연히 水書의 표기법이 아닌 漢譯한 명칭이며, 勒과 泐은 漢語에서 銘刻, 鐫(새길 전; 새기다, 끌, 송곳)刻, 刻寫의 의미이며, 현대한어에서는 사라졌지만 古漢語에서는 手勒과 手泐[10] 등의 용어가 있었다. 水書를 보통 水族문자, 水文字, 水字라고도 하며, 이는 水族의 서적과 전적을 일컫는 의미로 보면 타당하다. 한편, 일부 학자들은 수족의 언어는 水語, 문자는 水文 그리고 이 水文으로 기록된 수족의 종교전적을 水書라 구분하기도 한다. 그러나 일반적으로는 水書와 水文의 차이를 크게 두지 않기 때문에 필자도 그 기준을 따른다.

水書와 水語는 서로 밀접한 관계가 있으며, 水書는 전승되고 있는 水書抄本 이외에 水書師라는 水書선생을 통해 구전되는 지식과 습속을 결합해 해독해야 한다. 즉, 일반 水族인들은 水書를 읽지도 못하며 그 내용도 알지 못한다는 말이기도 하다. 이는 水書를 가르치는 교육시설이 없었기도 하지만, 水書가 불완전하기 때문이며, 복합적인 역사적 과정을 거쳤기 때문으로 볼 수 있다.

이를 두고 水書는 有形外在의 'hardware'적 요소와 無形內在의 'software'적 요소의 두 가지로 이루어져 있다고 한다. 전자는 수문자로 새겨진 水書서적으로서, 이들은 水族 선조들의 천문역법과 신앙문화, 민간지식이 복잡하게 기록되어 있고, 후자는 앞에서 말한 水書師의 그것이다. 때문에 水書는 독립적인 운용이 어려우며,

---

용법에 약간의 차이가 있다. 黑書에 있는 글자가 白書에 없는 것도 있다.

10) 고대의 書信용어로서, 手書(친필 서신, 친필로 쓰다)의 의미와 유사하다. 혹은 친필로 쓰고 새긴 碑石을 일컫기도 한다.

반드시 傳受와 解讀 그리고 釋義에 의거해야 한다.

그렇다면 水書는 무슨 내용이며, 왜 기록되었을까?

水書의 내용 역시 水族 자신들의 사상과 정신을 담고 있어서, 水族의 『易經』 혹은 『백과전서』라 불린다.

水書는 전설에 의하면 陸鐸公[11]이라는 사람이 창조했다고 한다. 貴州省 獨山縣 水岩鄉 水東村 지역의 水族과 布依族 사람들은 모두 布依語와 水語를 사용해서 옛날의 민요를 불렀는데[12] 그러나 이는 대부분의 소수민족이 갖는 그들의 기원과 관련된 신화 혹은 전설일 따름이다. 하지만 이 전설 속의 水書 창제자는 水族의 보호 신으로 여겨지고 있다.

일반적으로 고대문자가 그러하듯이 水書 또한 본질적으로는 水族의 점술용으로 기록되었다. 즉, 占筮의 요구에 부응하며, 人事의 길흉 및 역사의 진행을 예측하고 태평성세에 대한 갈망을 기탁하기 위해 기록되었다고 할 수 있다. 즉, 일상생활에서는 사용하지 않고 水族의 巫師가 택일을 한다든가, 풍수지리를 볼 때 사용했다고 볼 수 있다. 그래서 水書는 일반적으로 점술용의 책으로 여긴다.

이상과 같은 배경으로 인해 학자들은 水書가 만들어진 시대를 夏나라까지 올라갈 수 있을 뿐만 아니라 水書와 갑골문, 금문과 연관

11) 이때 公은 존칭을 나타냄.

12) 그 내용은 다음과 같다. "陸鐸公이라는 늙은이가 있는데 사계절 내내 산의 동굴 속에 사네, 푸른 돌판에 문자를 만들고 그 문자로 길흉을 헤아리네, 길일을 택해 모든 사람을 다 보내 직접 방을 만들 때를 기다리네, 책에는 이미 좋은 날이 없는데 어찌 동굴에 머무르지 않겠는가? 만약에 깊은 동굴이 어디에 있냐고 물으면 水岩과 水東에 있다네."

이 있음을 주장 혹은 인정하고 있다.

그러나 象形문자는 形을 象한 문자이다. 즉, 눈에 보이는 대상을 그려내는 것이기 때문에 자연 대상이나 인공 대상 모두 동일한 대상일 경우 그것을 그려낸 문자 또한 시대와 지역을 넘어 유사할 가능성을 배제할 수 없다. 다시 말해 갑골문과 水書는 동일한 시대와 동일한 지역이 아니더라도 유사할 수 있다는 이야기이다. 설사 水族이 河南省에서 기원하였다 하더라도, 그것을 殷人의 후손이라 단정하는 것은 갑골문 시기에 여러 부족들이 전쟁과 무역을 통해 갈등과 교류를 경험했다는 점도 고려해야 하기 때문이다. 즉, 타 지역에서 사용하고 있는 문자를 다른 어떤 지역에서 차용하여 사용할 가능성과 이때 그 발음도 함께 차용했을 가능성을 전혀 배제할 수 없다는 뜻이다.

이 문제에 대해서는 본 저서에서 다루어지는 甲骨文, 東巴文, 水書의 象形性 비교를 통해 어느 정도 밝혀질 것으로 기대한다. 그러나 그것들이 상형문자라는 렌즈를 통해 본다면 이는 필름에 투영되는 피사체의 모양은 결국 같을 수밖에 없어서, 이를 두고 당시 동일한 부족이 동일한 문자를 사용했다고 보는 것도 한계가 있다. 때문에 수문자에 대해 적절한 분석을 거치면 적절한 결론이 나올 것이다.

제2절 水書의 造字方法 : 自源字

현재 통용되고 있는 水書의 字數에 대한 통계는 아직 확정되지 않았다고 보아야 한다. 물론 일상생활에서는 쓰이지 않고 주로 종교 활동에만 쓰인다. 字數에 대한 연구결과를 보면 다음과 같다.

1986년에 출판된 『水族簡史』에서는 400여 개, 2004년에 출판된 『中國水族文化研究』에서는 500여 개의 글자가 있다고 보고되고 있다. 그런데 전문가가 열람한 2,000여 권의 수서 가운데 異體字는 주로 12地支, 春夏秋冬, 天干, 九星[13] 등의 單字에서 집중적으로 발견되는데, 예를 들어 현재 '寅, 卯' 등의 이체자는 각각 30여 개이다. 수족 고문자의 이체자에 대해 간단히 추측하여 각각의 단자마다 1개의 이체자가 있다고 계산하면 水文字는 총 1,600개가 된다[14]고 하였다.

또한, 翟宜疆의 华东师范大学 박사 학위논문인 『水文造字机制研究』(2007)[15]에서는 자체적으로 「水文常用字表」를 작성하였는데, 여기에 실린 글자 수는 이체자를 포함하여 1,049자이다.

그러나 貴州省 三都水族自治縣 水族研究所가 편찬한 『水書常用字典』(2007)에서는 識讀이 가능한 글자는 異體字를 제외하고 500여 개의 單字이며, 그 가운데 상용되는 468개를 수록하고 있으며, 이

13) 고대 중국의 陰陽家에 의해 만들어진 것이다. 九星이란 一白·二黑·三碧·四綠·五黃·六白·七赤·八白·九紫 등 9개의 별인데, 이것을 木·火·土·金·水의 五行과 10干 12支에 배당해서 별마다 주인이 되는 해가 있게 하였다.

14) 班弨 著, 『中国的语言和文字』(广西教育出版社, 1995), 50~51쪽 참조.

15) 翟宜疆, 『水文造字机制研究』, 华东师范大学 博士學位論文, 2007.

체자를 포함하면 모두 1,780개라고 하였다.[16)]

이처럼 글자 수에 대한 통계가 일치하지 않을 뿐만 아니라 그 차이가 작지 않은 이유는 수서의 험난한 역정 때문이며 이 또한 그 방증이라 하겠다. 하지만, 水書는 水族의 일상생활에 밀접하게 작용하였으며, 현재는 보전상의 이유로 그 개수가 감소하였음은 분명하다.

水書의 가장 큰 특징은 상형문자와 유사해 사물의 형상을 묘사하고 있다는 점이다. 예를 들면 다음과 같이 새나 물고기 같은 것은 그대로 그림으로 나타내고 있다. 다시 말해 상형의 대상은 다양하다고 할 수 있는데, 주로 꽃, 새, 벌레, 어류 등의 자연세계의 사물뿐만 아니라 용과 같은 토템 등에도 적용되며, 아직도 上古文明의 정보가 보존되고 있다 할 수 있다.

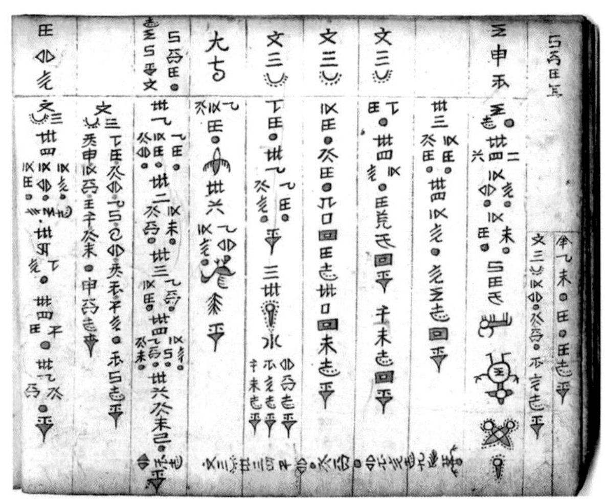

水書의 例 1

16) 이체자는 표제자와 함께 수록하고 있다.

그래서 水書는 甲骨文과 金文의 고대부호와 유사하며, 水族의 고대 天文·民俗·倫理·哲學·美學·法學 등의 문화 정보를 기재하였기 때문에, 동파문자와 마찬가지로 상형문자의 살아 있는 화석으로 불린다. 그러나 水書는 몇 천 년이래 그 신비한 문자구조와 특수한 용도 때문에 일종의 핍박과 제한을 당한 문자가 되어 민간에서 힘들게 명맥을 유지하고 있다. 현재에도 水書를 사용하는 인구는 갈수록 감소하고 있다.

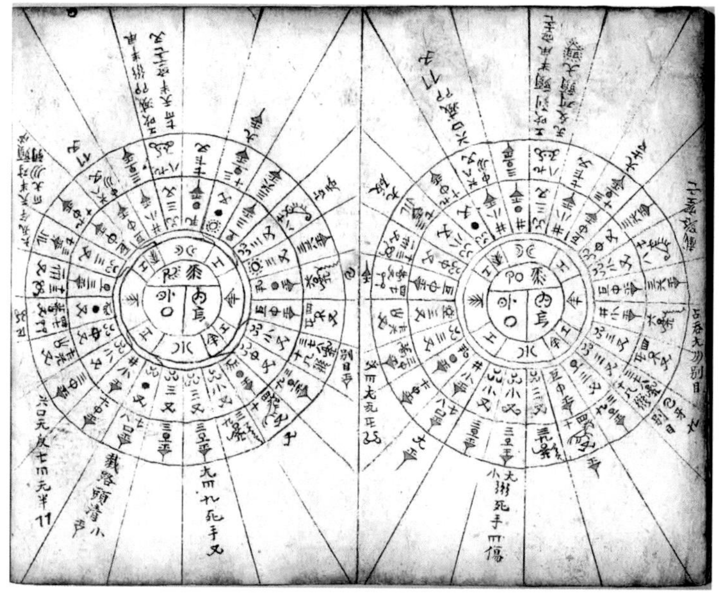

水書의 例 2

결국, 현재까지 볼 수 있는 수족 고문자는 구전되거나, 종이에 손으로 직접 베끼고, 수를 놓고, 비석에 새기고, 나무에 새기고,

도자기를 굽는 방법 등으로 전해 왔는데, 주로 손으로 직접 베껴 쓰거나 구전에 의해 지금까지 전해지고 있다.

이제 黔南民族師範學院 民族研究所 소속인 蒙景村의 「"水书"及其造字方法研究」(2005)[17], 上海交通大學 國際教育學院 소속인 翟宜疆의 「水文象形字研究」(2009)[18], 미국 Chicago대학 東亞文化研究所 연구원인 陳思의 『水書揭秘』(2010)[19], 水族으로서 貴州民族学院 副教授인 韋宗林의 『釋讀旁落的文明』 그리고 翟宜疆의 華東師範大學 박사 학위논문인 『水文造字机制研究』(2007)[20] 등을 참조하여 水書의 조자방법에 대해 기술하겠다.

이들의 연구성과는 대체로 水文字를 自源字[21], 借源字, 拼合字의 세 종류로 나누고 있다. 自源字는 水族이 자체적으로 창제한 문자를, 借源字는 수문에 차용된 한자의 변형 형체를 포함한 字符를, 拼合字는 水族이 한자의 조자원리 및 방법을 터득한 후 한자 혹은 한자의 部件을 이용하여 자신의 문자에 이미 존재하는 字符 혹은 部件과 결합한 새로운 자형을 말한다.

17) 黔南民族师范学院学报, 2005年 第01期.
18) 『兰州学刊』, 2009年 第10期.
19) 陳思는 그의 저서 『水書揭秘』(2010)에서 韋宗林의 國家社科基金項目成果인 『釋讀旁落的文明』를 인용하여 수서의 조자방법을 요약하고 있다. 『水書揭秘』, 66~72쪽에서 재인용함.
20) 翟宜疆, 水文造字机制研究, 华东师范大学 博士學位論文, 2007.
21) 水族으로서 貴州民族学院 副教授인 韋宗林은 그의 연구성과인 『釋讀旁落的文明』에서 크게 1)自源文字 2)他源文字의 두 가지로 나누고 字源文字 안에 ①시간적으로 始初적인 문자, ②내용상 독창적인 문자, ③인식상 규칙적인 문자로 나누고 있다. 他源문자는 水族이 차용한 문자이므로 논외로 하고 있다.

그러나 무엇보다도 중요한 것은 수문자의 造字정황이 대단히 복잡하기 때문에 위와 같은 분류는 단순히 형식적인 분류와 귀납에 불과함을 간과해서는 안 된다는 점이다. 사실 水文字 가운데 어떤 특정 자형은 어느 부류에 귀속시켜야 할지가 대단히 어려우며 향후의 심도 있는 전면적인 연구가 필요한 상황이다.

또한, 비록 위의 논의가 일정 정도 타당하긴 하나, 다소 개인적인 기준에 치우치기 때문에 본 저서에서는 許愼 이래 한자 및 동파문자 등 상형문자를 분석하는 전통적인 방법인 六書의 분석법을 이용할 것이다.

앞에서도 언급했지만, 翟宜疆은 그의 박사 학위논문인 『水文造字机制研究』(2007)에서 『水文常用字表』에 근거하여 다음과 같은 분류 기준으로 字數에 대한 통계를 내었다. 모두 이체자를 포함한 개수이다. 이 통계를 참조하여 분석하면 다음과 같다.[22]

구분1	구분2	개수	비율	비고
自源字	象形字	392자	63.74%	58.63% (총 수문자 1,049자 比)
	指事字	165자	26.83%	
	會意字	34자	5.52%	
	假借字	16자	2.60%	
	其他-義借	8자	1.30%	
합계		615자	99.99%	

* 이와 별도로 借源字는 37.1%, 拼合字는 3.4%, 기타 0.86%로 제시하였다.

22) 翟宜疆, 『水文造字机制研究』(华东师范大学 博士学位论文, 2007年), 24쪽 참조.

본 저서에서 분석하는 대상은 우선적으로 전체 수문자 가운데 가장 많은 비중을 차지할 뿐 아니라, 象形性을 분석할 수 있는 가장 기본적인 대상인 自源字를 우선시하되, 借源字나 拼合字도 수문자의 중요한 특징 가운데 하나이므로 이 역시 다음 항에서 다시 다루겠다.

그러나 한 가지 분명히 짚고 넘어가야 할 사항이 있다. 즉, 위 통계가 수많은 기존 자료를 대상으로 얻어낸 비교적 타당한 결과라 할지라도 글자 수에서 각 저서나 연구자의 결과가 다르다는 점이다. 우선 개수의 다름에 대해서는 수문자에 대한 연구가 아직 확정단계에 이르지 않은 까닭을 그 이유로 들 수 있겠다. 또 六書의 기준에 의한 분류도 작지 않은 차이를 보이고 있다. 이는 六書가 기본적으로 갖는 경계의 모호함 때문이기도 하겠지만, 한자를 대상으로 한 기준을 부득이 水書라는 대상에 적용한 까닭이기도 하다. 또 각 학자들의 육서에 대한 정의와 경계에 대한 인식도 천차만별인 이유도 무시할 수 없다.

위와 같은 상황을 고려하면서 본 저서는 우선적으로 박사 학위 논문이자 비교적 최근의 자료인 翟宜疆의 자료를 우선으로 검토하되, 이 역시 타당하지 않거나 모순된 부분이 다소 보이기 때문에 참조 대상으로만 간주할 것이다.

1. 象形字

水書 고문자 가운데 가장 많은 비중을 차지하고 있으며, 동시에 自源字 가운데에서도 약 60%를 넘을 정도로 압도적이다.[23] 사실 상형문자라는 큰 틀 안에서 상형의 방식으로 만들어진 글자가 절반을 넘는다는 것은 그 문자가 상형을 넘어선 다음 단계로 전환하지 않은 채 초기 조자 당시의 상태로 머물러 있음을 의미하는 중요한 지표이다.[24] 즉, 許愼이 말한 글자를 만드는 1차 요소이자 獨體字인 '文'과 이차적으로 독체자를 중복시켜 글자를 만드는 合體字인 '字'의 단계에서 수문자는 여전히 文의 단계에 있는 것이다.

수서 상형자의 특징으로는 실체를 있는 그대로 묘사한 점이라 할 수 있는데, 실체 사물의 특징을 포착해서 간단한 선으로 나타내고 있다. 자세히 예를 들어보면 다음과 같다.[25]

23) 수문자 전체에서는 약 30% 이상 정도를 차지하고 있다.

24) 象形은 漢字에서 이미 글자를 만드는 기본 요소로만 작용할 뿐 그것이 문자의 대부분을 이루지는 않고 있다. 鄭樵(1104~1162)가 중국 南宋 때에 완성한 紀傳體의 역사서인 『通志』에서 한자를 六書에 의해 다음과 같이 분류하였다.

<table>
<tr><th>종류</th><th>글자 수</th><th>비율</th><th colspan="2">비고</th></tr>
<tr><td>象形類</td><td>608자</td><td>2.5%</td><td rowspan="2">文의 단계
[象形·指事]</td><td rowspan="2">창조 원리</td></tr>
<tr><td>指事類</td><td>107자</td><td>0.4%</td></tr>
<tr><td>會意類</td><td>740자</td><td>3.1%</td><td rowspan="2">字의 단계
[會意·形聲]</td><td rowspan="2">결합 원리</td></tr>
<tr><td>形聲類</td><td>21,810자</td><td>90.0%</td></tr>
<tr><td>轉注類</td><td>372자</td><td>1.5%</td><td colspan="2" rowspan="2">운용 원리
[轉注·假借]</td></tr>
<tr><td>假借類</td><td>598자</td><td>2.5%</td></tr>
<tr><td>합계</td><td>24,235자</td><td>100%</td><td colspan="2"></td></tr>
</table>

25) 이 저서에 나오는 水書의 자형은 대부분 『水書常用字典』의 자형을 스캔하여 인용하였음.

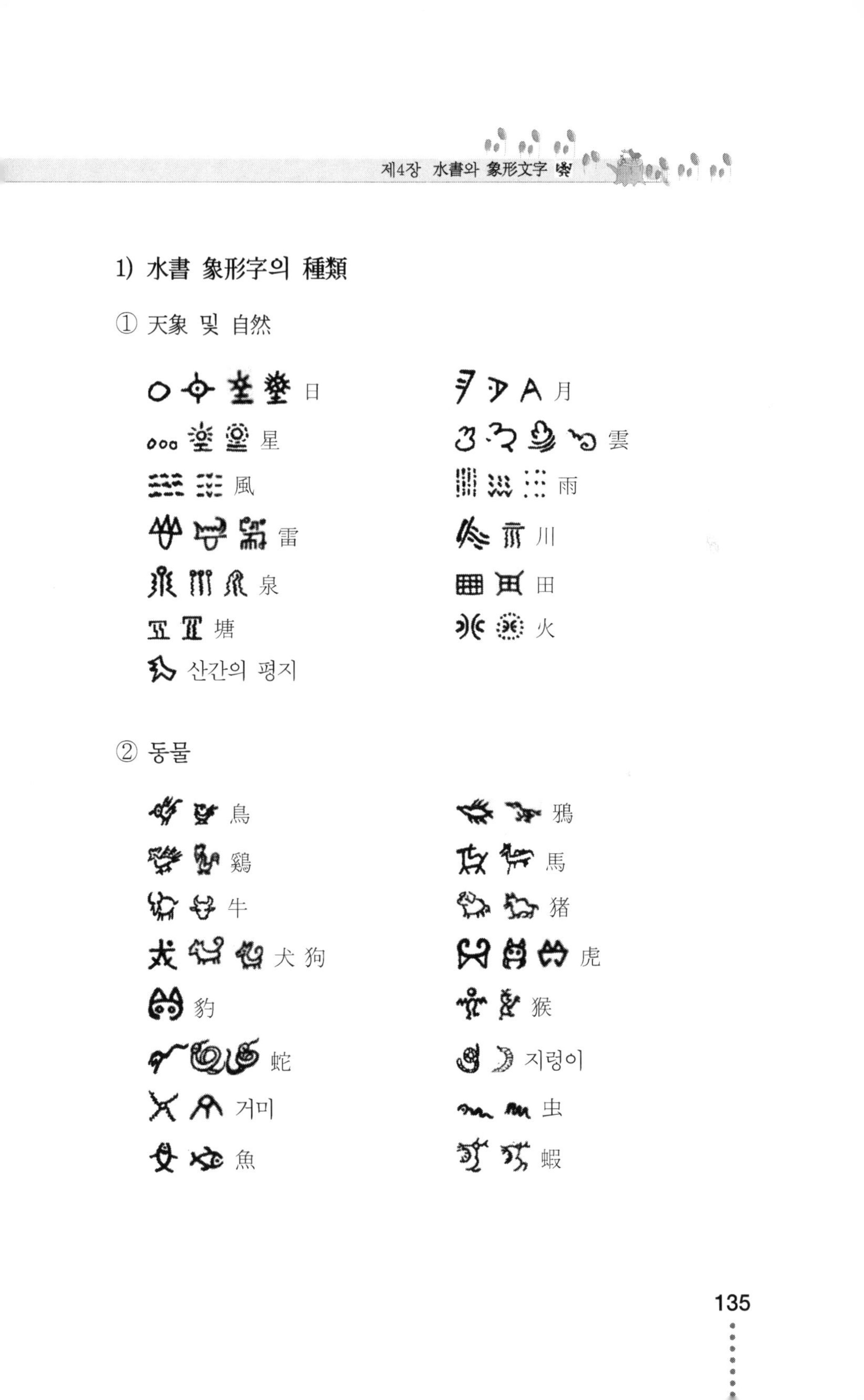

1) 水書 象形字의 種類

① 天象 및 自然

日

星

風

雷

泉

塘

산간의 평지

月

雲

雨

川

田

火

② 동물

鳥

鷄

牛

犬 狗

豹

蛇

거미

魚

鴉

馬

猪

虎

猴

지렁이

虫

蝦

③ 식물

木 樹枝
花 草
果 이삭

④ 인체기관

臉 頭
口 耳
眼 鼻
腰

⑤ 人物

人 한 무리의 사람
夫 母
婦 子

⑥ 건축물 및 도구

家, 屋, 房 鈴
叉 빗장 卓
棺 梯

⑦ 상상에 의거한 묘사

龍 怪物

天嘴鳥

⑧ 官印

2) 水書 象形字의 特徵

이상과 같은 예를 통해 다음과 같이 水書 象形字의 특징을 들 수 있다. 상형자는 우선 기본적으로 허신이 『說文解字』의 序文에서 문자의 기원에 관해 논하면서 '近取諸身, 遠取諸物'이라 정의한 八卦와 동일한 선상에 있음을 전제로 해야 한다.

첫째, 사물 전체를 상형하거나 혹은 사물의 특성을 드러내는 특정 부분만을 상형하는 방법이다. 이러한 정황은 동물 상형자에 주로 보이며, 동일한 동물을 상형하는 경우에 나타난다. 예를 들면 牛의 경우  처럼 소의 전신을 상형하거나,  처럼 소의 머리를 상형하거나, 처럼 심지어는 소의 뿔만을 상형하기도 한다. 사실 이러한 방법은 상형문자의 간략화형이라고도 할 수 있으며, 동시에 상형문자로서의 수서 역시 마찬가지로 그러한 특징을 갖고 있다고 할 수 있다. 이러한 一字二體의 정황은 東巴文보다 많지 않으며, 또한 부분으로 전체를 대신하는 이러한 방법은 엄격히 말해 수문 상형자 가운데 충분한 발전을 이루지는 못하였다고 하겠다. 즉 대상의 일부를 변형시키거나 혹은 확대·축소하여 특정 의미를 나타내는 데 실패하였다는 뜻이다.

이는 달리 말해 字形이 규범적이지 않다고도 할 수 있다. 즉, 수서 상형자는 그 자형에 있어서 통일된 기준이 있지 않고 현저히 恣意的이다. 이는 오히려 수서문자체계의 부호적 기초를 다지는 데 일조하였다. 그 이유는 水書선생의 소양과 관련이 있다. 水書선생은 아마도 자신만이 수문자를 읽고 쓰는 데 그쳤을 뿐, 일반인들이 알 수 있도록 통일된 기준을 만들지 않았기 때문으로 추정된다.

둘째, 水書 象形字는 복잡함과 간략함의 두 가지 특징이 공존하나, 전체적인 연변 과정으로 보자면 복잡함에서 간략함과 소박함으로 진행되었다고 할 수 있다. 圖畵의 관점으로 보자면 특히 水書 象形字는 東巴文에 비해 대단히 조악한 수준이지만, 오히려 이 단순함이 사물의 핵심적인 특징을 간결하게 그려냈다고 보는 것이 더 타당할 것이다.

이는 달리 말해 獨體象形 뿐 아니라 合體象形도 공존한다고 할 수 있다. 독체상형이란 사물의 형상을 직접적으로 그려내는 것으로, 수서의 臉, 耳, 鼻, 口, 眼 등과 같이 대상을 직접적으로 그려냈다. 합체상형은 사물의 의미와 관련되는 요소를 그려내는 것 이외에 또 그 사물과 상관되는 다른 사물을 함께 그려내는 것으로, 수서의 日은 처럼 태양 이외에 태양이 비추는 대지를 함께 그렸으며, 眼은 눈 이외에 얼굴을 함께 그리고 있다. 사다리 도 사다리 자체 이외에 사다리가 처한 위치를 함께 그리고 있다.

셋째, 눈에 보이지 않는 상상의 대상도 상형화하였다. 예를 들어 天嘴鳥 같은 경우는 한자의 龍과 같이 상상의 동물을 상형한 것으로 상형이 반드시 눈에 보이는 것만을 대상으로 하지 않음을 보여주는 증거이다. 수문자에서 龍은 , 怪物은 등이다. 즉, 위 수문 상형자의 분류 가운데 官印을 제외한 나머지 방법은 일반적인 상형자의 조자방법과 유사하다.

넷째, 官印은 水書 가운데 특히 유의할 만한 대상이다. 상형의 방식은 일반적으로 문자의 초기 단계에 사용되는 방식이므로, 이들 총 7개의 수서 官印 상형자가 존재한다는 것은 수서가 중원의 문화 가운데 印章 특히 관인의 영향을 받았으며, 그것을 문자 체계 안에 수용했음을 의미한다. 중국에서 官印은 한자가 정립되기 시작하는 秦代에서 시작되어 한자의 안정기라 할 수 있는 漢代에 널리 사용되었다. 이는 문서제도의 시작 및 국가제도의 확립과도 연관되며, 인장은 곧 그 확립을 상징한다. 중국의 관인은 일반적으로 정방형이며, 수서의 관인은 부분적으로 변형은 있지만 대체로 중국의 관인과 유사하다.

官印이 수족 사이에서도 통용되게 된 이유에 대해 翟宜疆은 「水文造字机制研究」(2007)와 「水文象形字研究」(2009)에서 唐代에 水族을 회유하기 위해 撫水州를 설치함으로써 水族이 단일민족의 행정구역으로 확정되었고, 明代와 淸代에 걸쳐 西南지역의 소수민족에 대한 통치를 강화하기 위한 수단으로 한족을 장기간 유입시켜 水族과 통혼을 시키는 등의 調北征南·改土歸流 정책의 영향이라고 하였다. 그 결과 수족은 중앙정부에 안정적으로 소속되게 되었으며, 결국 漢族 정치문화의 영향으로 분석한 것이다. 이는 결과적으로 수서 상형자가 淸代까지 자체적으로 글자를 만드는 방식 이외에 외부의 영향을 수용하여 造字하였음을 보여주는 방증이기도 하다.

다섯째, 상형은 문자를 만드는 가장 기초적이면서도 필수적인 방법이긴 하지만 상형이 기본적으로 갖는 의미 확장의 한계로 인해 수서 역시 다른 상형문자와 마찬가지로 사회구조가 복잡 다양해짐에 따라 늘어나는 어휘 확장의 요구를 제대로 수용할 수 없게 되었다. 그 결과 象形 이외의 조자방식인 會意 및 假借 등의 활용이 증가한 현상을 낳았다고 할 수 있다.

이는 다른 측면으로 보자면 수문 상형자의 발전이 비교적 더디

었으며, 문자 수요의 요구를 적절히 충족시키지 못하였다는 의미이기도 하다. 물론 甲骨文에서 시작된 漢字도 상형 이외에 회의와 형성 등의 방법이 존재하지만, 이는 엄연히 상형을 핵심으로 한 상형의 역할을 극대화한 뛰어난 응용이다. 이에 반해 水書 상형자는 일차적인 상형 단계에 그치거나 그것을 일부나마 회의의 방법으로 활용하는 데에 머무르고 있다는 데에서 그 한계를 확인할 수 있다. 水書 自源字 가운데 상형자가 가장 많은 수량을 차지하고 있다는 것도 이를 반증한다. 이는 동시에 水文의 대부분 상형자는 借源字 이전에 형성되었음을 말하는 것이기도 한데, 차원자에는 水書의 다양한 思想體系가 반영되어 있기 때문이다.

여섯째, 수서 상형자에는 의미의 인신도 보인다. 인신이란 본래의 의미에서 의미가 확장되는 것을 말하는데, 이때 확장되는 의미는 비록 새로운 것이긴 하지만 반드시 본래의 의미와 연관되어야 함을 전제로 한다. 수서의 경우 예를 들면, 酒는 단지의 모양인데 단지에 술을 담기 때문에 酒의 의미로 확장된 글자 등이다. 이제 象形 이외의 水文字 조자 방법을 살펴보겠다.

2. 指事字

일반적으로 한자의 指事字는 순수하게 선과 점 등 추상부호로만 구성된 지사자와 상형부호가 첨가된 추상부호로 이루어진 지사자의 두 가지로 나눈다. 水文字도 마찬가지인데, 예를 들면 다음과 같다.

1) 純粹한 抽象 符號의 指事字

이는 주로 숫자, 방향 등에 사용되는데 예를 들면 다음과 같다.

숫자 : [glyph](—, [glyph] : 一), [glyph](〓, [glyph] : 二), [glyph](☰, [glyph], [glyph] : 三)

방향 : [glyph]([glyph], [glyph] : 上), [glyph]([glyph] : 中), [glyph]([glyph], [glyph] : 下)

숫자와 방향 모두 이체자가 존재한다. 이체형이 모든 수문자에 존재한다는 것은 수문자의 독특한 특징 가운데 하나이지만, 이는 한자와 비슷한 모양임을 한눈에 알 수 있다. 비록 숫자는 일반적인 상형문자의 모양을 띠고 있지만, 上·下의 방향을 나타내는 글자는 한자의 山에 선을 추가하여 방향을 나타냈음을 알 수 있다. 이때 이체형을 기준으로 삼는다면 이 경우는 순수추상지사자가 아닌 상형적 부호가 첨가된 지사자로 보아야 할 것이다. 엄밀히 따지면 숫자 1·2·3도 기준선인 '一'에 점들을 숫자만큼 더한 모양으로 볼 수도 있다. 다시 말해 순수추상지사자를 엄밀히 구분하기란 쉽지 않으며, 큰 의미를 부여할 수도 없다.

2) 象形符號를 갖고 있는 指事字

이는 추상부호로만은 의미를 나타낼 수 없거나 또는 의미를 분명히 할 수 없을 때 사용되는 방법이다. 예를 들면 倉庫를 나타내는 자는 家屋을 나타내는 자의 아래에 을 더해서 곡식을 저장하는 장소를 나타내고 있다. 이때 이 점들은 많다는 의미이기도 하다. 또 祭祀를 나타내는 , , , 자들은 모두 탁자를 나타내는 네모의 아래나 혹은 가운데와 주위에 의 점들로 볼 수 있는 부호들이 더해져 제사를 의미하고 있다. 는 특별히 倒寫에 해당한다.

孫子에 해당하는 자는 강보에 쌓인 아이를 나타내는 모양과 그 아래에 점 을 더했는데, 이때 점은 자식보다 더 아래 단계라는 의미이다. 이때의 점은 시간적인 의미를 나타내는 지극히 추상적인 의미로서 지사자의 본래 의미에 대단히 적합하다.

그러나 六書의 분류는 사실 그 기준이 상당히 모호할 때가 많다. 지사자의 경우 이 점들을 '많다'라는 의미를 나타내거나 혹은 어떤 물건을 상징하는 추상부호로 본다면 이는 지사자에 해당하겠지만, (창고)의 경우 아래의 점들을 곡식을 나타내는 상형 부호로 보거나, (제사)의 경우 아래의 점들을 역시 제물을 나타내는 상형 부호로 본다면 이는 상형적 요소끼리 결합된 회의자에 해당하기 때문이다. 이는 한자의 경우도 예외가 아니다. 때문에 육서의 분류는 상형문자를 분석하는 기준 가운데 허신 이래 지금까지 자주 사용되는 방법의 하나일 뿐 절대적인 기준이 될 수 없음을 인식하여야 한다.

이 외에 수문 지사자의 특징을 든다면, 수문의 지사자는 수문 가운데 약 27%로서, 상형자의 64%에 비해 큰 비중을 차지하진 않지만, 한자와 비교하면 상당히 높은 비율이라는 점이다.

이는 한편으로 수문 가운데 지사자가 어느 정도 상용되는 조자방식이었음을 말하는 것이다. 또한, 수문의 지사자 조자방식이 비교적 빈번하게 사용되었다는 것은 수문 自源字의 조자방식이 이미 상형으로만 사용되는 단계를 벗어나 비교적 발달한 단계에 이르렀음을 의미한다. 그러나 전체 수문자의 自源字 가운데에서 상형자가 절반 이상을 차지하는 것 또한 아이러니이기도 하지만, 이는 상형자를 위주로 하되, 그것을 활용하는 방식이 지사의 방식이었다고 해석할 수 있겠다. 한자가 대부분 形聲의 방식으로 변한 것과 큰 차이가 있다.

3. 會意字

水文 自源字 615자 가운데 회의자의 수량은 34개로서 5.5%에 그치고 있다. 그 조자 방법은 둘 혹은 둘 이상의 상형자가 조합하는 방식이다. 이 방법에는 두 가지가 있다.

첫째, 동일한 상형자 즉 의미부호를 조합하여 회의자를 구성하는 방법. 둘째, 동일하지 않은 의미의 상형자 즉 單字를 조합하여 회의자를 구성하는 방법이다. 첫 번째의 예를 들면, 重喪을 의미하는 자는 棺을 의미하는 자를 두 개 중복하고 있으며, 또 五錘鬼를 의미하는 자는 錘 자를 다섯 번 중복하여 회의의 방식으로 조자하였다. 두 번째의 예로는 土居 자를 들 수 있는데, 이는 사람에게 병을 옮겨 급기야는 죽음에 이르게 하는 가장 무서운 귀신인데, 사람을 거꾸로 그린 후 손발에 금선을 더하고, 배 사이의 점을 더했는데 이 점들은 독소를 의미한다. 또 鬼師를 의미하는 자는 발아래에 요괴와 紙傘(종이 우산)이 더해져 있는데, 紙傘은 수족의 무덤 기호이다. 전체 자형은 鬼師가 춤을 춰 요괴를 쫓아내며 죽은 자를 위로하는 모양의 회의자이다.

星 : 별빛이 대지 위에서 반짝이는 모양, 별과 대지의 결합.

井 : 흐르는 물과 구덩이의 결합.

坑 : 위를 향한 활 모양의 반원과 오목한 구덩이 아래의 공간의 결합.

屋 : 대문과 계단이 합쳐진 글자 등을 예로 들 수 있다.

時 : 이 글자를 옆으로 기울여 보면 가 되는데, 좌변의 과 우변의 이 결합한 모양이다. 이때 우변에서 는 측량대, 는 측량대가 햇빛 아래에 비춰진 그림자, 그리고 그 가운데의 점들은 시간의 흐름에 따라 달라지는 그림자의 길이를 나타내고 있다.

4. 假借字

가차는 기존 六書의 이론과 마찬가지로 기존의 글자를 차용하여 발음으로 활용하는 방식을 의미한다. 주로 28宿에 많이 사용되고 있다. 예를 들어 28개 별자리 가운데 하나인 奎木狼은 원래 狼을 의미하는데, 수서에서는 狼자 (la:ŋ, 狼 및 凶의 의미)도 있지만, 소라모양 (la:ŋ^{31})으로 대체해서 사용하고 있다. 이때 두 글자의 발음이 같다. 또 井宿(井木犴)은 犴(낙타사슴, 엘크)을 의미하는데 수서에서는 ŋa:n^{55}의 모양으로서 鵝 ŋa:n^{55}의 모양을 反書하고 있는 것 등이다.

그러나 이체형이 많은 수서의 상황을 고려하면 이는 한 글자의 모든 자형이 모두 가차의 기능을 하고 있지는 않고, 이체자 가운데 어느 하나에 해당한다. 예를 더 들면 다음과 같다.

男 (이체형 ,) mba:n^{13} : 南 (이체형) na:m^{31}
地 ti^{55} : 代 ti^{55} : 次 ti^{55}
糖 ta:ŋ^{31} : 堂 ta:ŋ^{31}
: 六 (이체형 ,) ljok^{32} : 祿 (이체형 ,) ljok^{32}

사실 假借字는 의미부호인 상형자를 음성부호로 활용했다는 점에서 그 중대한 의미를 찾아야 한다. 수문자가 상형·지사·회의 그리고 가차로 이루어졌다는 것은 의미의 확장 방법인 轉注와 의미와 발음의 결합인 形聲의 방법이 없다는 것인데, 전주는 사실 근원이 같은 글자로부터 그 의미가 불어나는 것을 말하기 때문에 굳이 따로 분류하지 않아도 전주의 기능은 찾을 수 있다. 중요한 것은 漢字의 70% 이상으로서 한자 조자의 대부분을 차지하고 있는 형성자가 수문자에 거의 없으므로26) 수문자는 비교적 원시 단계의 문자라 보아야 한다는 것이다.

그러나 이 가차, 즉 의미부호를 발음부호로 활용한다는 것은 비록 상형의 글자를 만들지 못한 한계에 기인하였을 수도 있다. 하지만 이는 그림으로 그려져 의미만을 나타내는 부호를 그 그림이나 의미와 전혀 상관없이 오로지 발음 기호로만 사용했다는, 상형자를 일종의 부호로 간주했다는 중요한 인식의 전환이다. 비록 수문자가 원시단계에 머무르고 있긴 하지만 이 가차자의 존재는 그것이 表意表音文字(=表語문자)의 초기 단계로 진입하였음을 의미하는 중요한 증거이다.

5. 反書

수문자의 일부는 그 모양이 漢字를 응용하여 쓰고 있는데, 즉, 反寫(뒤집어 쓰기), 側寫(기울여 쓰기), 倒寫(거꾸로 쓰기) 등 심지어는 反倒가 함께 사용된 예도 있고 특히 많은 그림이 거꾸로 그려져 있다. 이 反書는 수족의 문자 구성 가운데 많은 부분을 차지하며, 이와 같은 이유 때문에 일부 漢族은 水書를 아예 '反書' 혹은 '反寫'라고도 칭한다. 이는 水書 자체의 字符가 대단히 적어 水書의 실

26) 사실 앞에서 제시한 수문 時 의 경우 좌변의 十과 우변의 이 결합한 형태라고 했는데, 이때 十은 時의 발음을 나타낸다고 보는 견해가 있다. 필자도 이에 전적으로 동의하나, 다만 수문 가운데 형성자로 이루어진 글자가 거의 보이지 않기 때문에 본 저술에서는 형성자를 따로 분류하지 않았다. 이에 대해서는 차후 보다 심층적인 논문의 형태로 발표할 예정이다.

제를 반영할 수 없을 뿐만 아니라, 현재 水書를 인지하는 사람 역시 소수여서 결국 水書는 체계적인 문자체계라고 볼 수 없다는 이유 때문이다.

주로 수서의 天干, 地支, 數字 등이 이러한 방법으로 만들어졌다. 그 예는 다음과 같으며, 한자와 유사하기 때문에 고대한자와 함께 비교하겠다. 단 이체자는 제외하되, 反書의 예에 적합한 경우에는 이체자를 제시하겠다.

1) 反書의 水書

① 天干

水書	甲骨文	金文	小篆	漢字 의미
				甲
				乙
				丙
				丁
				戊
				己
				庚
				辛
				壬
				癸

② 地支

水書	甲骨文	金文	小篆	漢字 의미
				子
				丑
				寅
				卯
				辰
				巳
				午
				未
				申
				酉
				戌
				亥

③ 數字

水書	漢字의미
	五
	七
	八
	九

2) 反書의 原因

① 水文字 本然의 異體性

엄밀히 말해 수서의 反書[27]가 있기 위해서는 正書가 있어야 한다. 설사 正書가 한자라 하더라도 이는 한자의 측면에서 보는 관점이다. 그러나 정작 水書 가운데 사용된 反書는 수량상 많은 것이 아니라 干支와 數字에 사용되기 때문에 그 빈도가 높다고 할 수 있다. 이는 한편으로는 水書의 사상적인 측면과 관련이 있기 때문에 단순히 형체적인 면으로만 보아서는 안 된다는 중요성이 있다.

수족 민간에 전해지는 수문자에 대한 전설은 그 정도는 다르지만 모두 수족 고문자의 反寫와 倒寫에 대한 원인을 알 수 있게 해준다. 그 내용을 보면 다음과 같다.

> 수족 문자는 陸鐸公 등 여섯 노인이 신선들이 사는 곳에서 6년 동안 각고의 노력 끝에 터득하여 마침내 泐雖 (水文 혹은 水書)를 손에 넣어 竹片과 천 조각(布片)에 적어 돌아오게 되었는데, 나머지 다섯 노인은 모두 병사하고 陸鐸公 만이 갖은 고생 끝에 무사히 집에 도착하게 되었다. 그러나 '哎任党'(水語의 의미로는 '생면부지의 사람')에게 泐雖를 빼앗겨 버리자 陸鐸公은 오로지 기억에만 의지하여 떠오르는 글자들을 적어냈으나, 그 수량이 이미 완벽하지 않았다. 그 후 '哎任党'에게 다시 모해 당하지 않기 위해 陸鐸公은 일부러 왼손으로 글자를 써서 글자의 필획과 필체를 바꾸었는데, 이때 몇몇 글자들을 倒寫, 反寫 혹은 필획을 증감하는 방식으로 표기한 것이 지금의 수족문자로 전해지게 되었다.

27) 이하 反書의 원인에 대해서는 韦宗林의 「水族古文字'反书'的成因」을 참조하고, 필자의 견해를 추가하여 기술하였다.

이 외에 수문과 관련된 다섯 가지의 전설 가운데 하나도 反書와 관련되어 있다. 그 내용은 다음과 같다.

> 仙女와 수족인 大橋가 서로 사랑하여 納良力을 낳았는데, 선녀는 大橋가 손상된 수서를 공부하는 것을 보고 많은 책을 소장하고 있는 그녀의 부친 天皇에게 남편과 자식을 안고 天神의 궁전으로 갔다. 그곳에서 大橋는 처남인 祝의 음해를 받았으나, 선녀의 도움으로 화를 면할 수 있었다. 첫 번째 음해는 祝이 대교에게 독주를 주었으나, 대교는 혼자 먹을 수 없어 두 잔으로 나누어 두었는데, 나중에 대교와 축이 실수로 함께 마셔 모두 죽어버렸다. 선녀와 그 자식은 대교를 매장하였으나, 아무도 祝은 매장하려 하지 않았기 때문에 결국 祝은 맹독을 가진 모기로 변했다. 天皇은 외손 納良力을 시험하여 그에게 天書를 전수코자 하였다. 納良力은 열심히 공부한 끝에 天書를 천하에 전파하고자 하였으나 모친인 선녀는 노쇠하여 그와 동행할 수 없었다. 그래서 모친은 納良力을 동아줄로 묶어 세상으로 내려보내면서 지상에 도착하여 밧줄을 흔들면 그 밧줄을 끊겠다고 하였다. 그러나 지상으로부터 두 丈 길이쯤 남았을 때 納良力은 외삼촌이 변한 맹독모기에게 물리자, 그 아픔에 손을 저어 모기를 잡으려다 밧줄이 몇 차례 흔들리게 되었다. 천상의 모친은 그가 지상에 내린 줄 알고 이내 밧줄을 끊었고, 이에 納良力은 공중에서 추락하게 되었다. 그 결과 등에 짊어진 책들을 떨어뜨려 잃어버렸고, 또 오른손은 불구가 되었다. 納良力은 결국 기억에 의거하여 장애를 입은 오른손(혹은 왼손)으로 水書를 反寫하여 인간에게 전파하였다.[28]

이외에도 여러 민간 전설 등에서 유사한 이야기를 볼 수 있는데,

---

28) 翟宜疆, 『水文造字机制研究』(12~13쪽)과 韦宗林, 「水族古文字'反书'的成因」(23쪽) 참조. 韦宗林은 『借書奔月』에 근거하여 納良力이 오른손이 부러져 왼손으로 기록하였다고 하였다.

비록 전설이긴 하지만 다음과 같은 점에 유의할 만하다. ① 수족 문자는 고대의 어떤 진보된 부족과 연관되어 있다. ② 수족의 조상은 그들과 접촉이 있었던 부족과 충돌이 있었으며, 그 결과 문자에 손실을 입게 되었다.

결국, 反書는 이들 전설에 의하면 수족 자체의 의도된 결과가 아닌 외부적 충돌에 의해 야기된 결과물인 것이다.

사실 方形의 상형문자는 음성부호가 아닌 이상 사물을 보는 각도나 방향, 그리고 獨體를 넘어 合體의 과정에서 좌우나 상·하의 방향이 바뀔 수 있는 개연성을 처음부터 담보하고 있다. 水族 문자도 중국의 고문자 특히 甲骨文이나 金文의 흔적을 많이 보유하고 있는데, 수족 문자의 시작이 秦에 의한 통일 이전이라면 이는 곧 당시 '車同軌·書同文' 정책에 의해 통일되지 않은 여러 제후국 문자들의 잔존일 수 있다. 결국, 제후국 혹은 부족 내부적으로 이체자가 이미 존재하고 있었으며, 이는 필연적인 과정인 것이다. 한편으로 이러한 정황으로 미루어 수족 문자의 연원은 중국 고문자인 갑골문과 깊은 연관이 있을 가능성이 충분하다고 할 수 있다. 그 후 수족 문자도 흥망성쇠를 거치고 수족의 사회·경제·문화적 연변과 함께 현재의 水文에 이르렀다고 보아야 한다.

또한, 이체자가 그 모양이 다름에도 불구하고 동일한 의미를 간직하면서 존재할 수 있는 근거는 그 구조적 특징이 변하지 않는 한 正寫나 反寫 모두 그 의미가 혼동되지 않는다는 상형문자 조자방식의 본연적 특징에 기인한다. 水族 古文字라 해서 古漢字와 다르지 않으며, 이는 寫意性과 一統性이라는 모순이 줄곧 동일 선상에서 함께 해 온 고문자 발전의 일반적인 법칙이다. 다음의 예를 잠시 보자.

– 甲骨文과 金文의 異體性

年 : 甲骨文　　金文

月 : 甲骨文　　金文

日 : 甲骨文　　金文

時 : 『說文解字』

– 水文字의 異體性

年 :　　月 :

日 :　　時 :

卯 :　　水 :

寅 :　　戊 :

秋 :

앞에서도 말했듯이 고대 한자는 물론이고 수문자도 각 글자들이 기본적인 형체를 유지하면서 反寫, 側寫 그리고 點과 劃을 더하거나 빼고 있음을 쉽게 알 수 있다.

또한, 水文字는 오랫동안 여러 제한에 의해 베끼거나 옮겨 적었기 때문에 통일된 刻版이 없으며, 이로 인해 자형의 이체가 필연적으로 많을 수밖에 없다는 데에서도 그 원인을 찾을 수 있다. 수문자의 모든 글자가 두 개에서 열 개 이상의 異體形을 가지고 있기 때문에, 이 反書 또한 이체의 하나로 보아야 한다. 특히 時만을 『水書常用字典』에서 찾아보면 등 무려 23개나 수록되어 있다.

결과적으로 反書는 여타 고대 상형문자가 그러하듯이 水文字의 대단히 보편적인 현상이며 고문자의 일반적인 특성이라 하겠다. 결국, '反書'라는 용어는 漢族이 자신들의 문자를 기준으로 하여 타민족 문자를 폄하하려는 다소 편협한 시각의 산물이라 하겠다.

② 오랜 핍박에 의한 민족적 저항의식

수문자의 反書의 원인을 논하면서 고문자 본연의 異體性만으로만 해석할 수 없는 성질이 있는데, 곧 古漢字와 실질적으로 자형에 있어서 대립하는 현상이다. 예를 들어보면 다음과 같다.

漢字	(左)	(右)	甲	乙	丁	己	辛
水文							

漢字	子	午	丑	未	辛	戌	五	七	九
水文									

특히 左·右 같은 경우는 갑골문에서 그 방향에 따라 의미가 달라지기 때문에 그 방향을 엄격히 구분하고 있으며, 수서 또한 예외가 아니라는 점에서 주목할 만하다. 때문에 이는 결코 우연히 혹은 아무런 근거 없이 수서가 갑골문과 그 방향이 달라진 것이 아닐 것이다. 결국, 그 원인은 수족의 역사적 배경으로부터 살펴보아야 한다.

앞의 '百越원류설'에서도 잠시 언급하였지만 水族은 百越族 가운데 '駱越'의 일부가 번성하여 이루어진 단일민족임에도 秦系 민족으로부터 오랫동안 침략과 추방 등 억압을 당하면서 그들의 민족적 의식에는 당연히 역반응 혹은 저항의 의지가 배게 되었다. 특히 書同文 정책에 의한 秦篆(小篆)으로의 文字 통일, 그리고 焚書坑儒에 의한 정치세력과 思想의 통일, 다시 말해 타민족 문자의 일률적인 사용금지 정책과 무력을 앞세운 타민족 문화의 말살 정책은 자신의 글과 문화를 지키려는 固守심리와 타민족의 억압에 대한 排他심리가 자연적으로 생겼을 것이며, 이러한 심리가 결과적으로 수족으로 하여금 '反書'를 쓰게 하였을 것이다.

이는 상형문자의 보편적 특징인 이체자의 출현 배경과 엄연히 다름으로써 다시 한 번 입증할 수 있다. 즉, 水文字 가운데에서 秦의 篆書體의 흔적을 찾아볼 수 없으며, 대부분은 甲骨文의 서체와 가깝다. 이 외에도 한자의 서체 연변에 있어서 秦 이후의 서체인 楷書體의 풍격이 많은 것도 이를 뒷받침하고 있다. 이는 水族들이 자신들의 문자가 秦系문자와 동일하게 되는 것을 원하지 않고 자신들의 선조를 숭배하고자 했던 연유에서 비롯된 결과인 것이다.

③ 水文字의 신비적 색채

사실 고대문자, 특히 상형문자는 신비적인 색채를 떠나서는 문자가 성립될 수 없는 필연적인 배경을 갖고 있다. 다시 말해 그들이 숭배하는 샤머니즘적인 여러 신들과의 접촉을 통해 占卜·제사·전쟁·출산·경작 등 제반 사항들을 결정하였던 시기에 그것들과 관련된 일을 기록하는 것은 당연히 샤머니즘적인 색채를 띠고 있으며, 그것을 배제하고서는 문자 자체가 성립될 수 없다.

이는 古漢字 뿐만 아니라 水文字도 마찬가지이다. 특히 水族은 古來로 자신들의 경전인 『水書』에 의해 혼인, 喪葬, 제사, 출행, 농사 등을 결정하여 왔기 때문에, 『水書』는 정신적 지주로서의 지위를 갖고 있다. 당연히 이러한 『水書』의 신비감은 『수서』를 기록하고 있는 문자인 水書·水文字에 그대로 반영될 수밖에 없었을 것이다.

다시 말해 수서의 관념에는 神本意識이 농후하다고 할 수 있다. 이것은 수서를 만들 때의 지향점이 현묘한 이치 및 귀신과의 소통과 대화이기 때문으로서, 수서 전적 가운데에는 神儀 부호가 오랫동안 뒤섞여 있다. 예를 들면 아래는 年에 해당하는 수서이다.

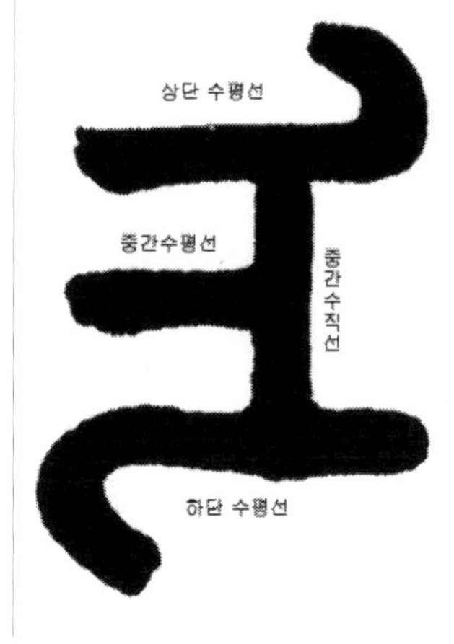

► **年자에 대한 해설** :

- 상단의 수평선은 刀具로 농작물을 수확함을 나타내며, 전년도의 수확기를 의미한다.
- 중간의 수평선은 한 해를 두 계절로 나눔을 나타낸다. 이는 고대의 水曆이 한 해를 겨울과 여름으로만 나눈 것에 기인한다.
- 중간의 수직선은 두 수확기의 사이를 나타내며, 한 해의 벼 경작기(稻作期)를 의미한다.
- 하단의 수평선은 刀具로 농작물을 수확함을 나타내며, 다음 해의 수확기를 의미한다.

위와 같이 수서의 年은 농작물의 수확과 농기구 및 계절과 연관되어 있다. 東漢의 許愼도 『說文解字』에서 '年'을 해석하기를 '곡식이 익은 것이다'[29]라고 하였다. 갑골문과 금문도 벼 이삭이 잘 익어 아래로 고개를 숙이고 있는 모양을 본떴다. 곡식이 익어 축하의식을 거행하는 것으로서, 이것을 한 해를 보낸다고 일컬었다. 그러나 이러한 '年'의 원래의 의미는 현재 이미 漢語에서 소실되고 없다. 漢族들이 해를 보내는 음력 선달과 정월 초는 곡식이 익는 계절이 아니니, 계절과 '年'의 본의가 부합되지 않을 뿐 아니라 축하의식의 내용과도 관계가 없다.

또한, 水曆[30]에서 연말인 12월, 정월은 음력으로 8, 9월이다. 이때는 마침 水曆에 있어서 연말과 정월이자 곡식이 익는 기간이다.

29) 『說文·禾部』 年, 穀熟也. 从禾千聲.
30) 수족의 달력은 한족의 태양력의 순서를 거꾸로 계산한다. 예를 들면 水曆의 연말인 12월과 신년정월은 음력의 8, 9월이다.

水族 사람들에게 이때는 묵은해를 보내며 새해를 맞이하고, 풍부한 수확을 축하하고, 선조들에게 제사를 지내고, 친척과 친구들을 접대하여 즐겁게 보내는 전통의 설(端節)이다. 고대에는 신년의 시작 달을 음력 정월이라 불렀고 음력 정월의 첫 번째 날을 정월 초하루라고 했는데 水族은 지금까지도 이와 같이 부르고 있다. 이처럼, 水族曆法과 설은 神儀 부호와 함께 '年'의 원래 의미를 가장 정확하게 해석하고 있는 것이다.

이러한 배경을 바탕으로 反書는 그 신비감을 더하는 작용을 할 수 있기 때문에 수서를 기록하는 巫師들은 의도적으로 反書를 사용했을 것이며, 그 결과 민족적 저항정신과 함께 수서의 反書의 원인이 되었다고 할 수 있다.

사실 水文字는 귀신과 관련된 일을 기록하고 있는 살아 있는 화석이며, 실제 생활에서 사람과 사람 간의 교류에 대해서는 거의 사용되지 않고 있다. 예를 들어 사람과 귀신은 상대적이며 상반되기 때문에 만약 사람이 正이라면 귀신은 反에 해당한다는 것을 水書에서 사람은 , 귀신은 모양으로 표기하고 있음을 통해서도 알 수 있다. 하나의 동일한 자체를 正寫와 反寫의 형태 즉 反書로 표기하여 그 신비감을 더하고 있는 것이다.

제3절 水書의 造字方法 : 借源字, 拼合字

수문자는 주로 自源字의 방식으로 이루어져 있다. 절반을 넘는 양이나 조자 특징에서도 그렇다. 만약 그렇지 않다면 하나의 독립된 문자로 취급받지도 못했을 것이다.

그러나 중국 대륙에 위치하면서 秦代부터 한족의 핍박을 받아온 水族은 자신들만의 문자를 그대로 고수하고 발전시켜 나가기엔 처음부터 쉽지 않았을 것이다. 결국, 약 37%에 해당하는 借源字, 즉 자신들이 직접 만들지 않고 다른 민족으로부터 문자를 빌려 사용하는 방식의 글자들이 있을 수밖에 없었음을 우리는 인지해야 한다. 다른 민족의 문자는 다름 아닌 漢族의 漢字이다.

自源字와 借源字 및 拼合字의 비율을 함께 보면 다음과 같다.[31]

구분1	갯수	비율	비고
自源字	615자	58.63%	象形·指事·會意·假借 및 기타
借源字	389자	37.08%	
拼合字	36자	3.43%	
기타	9자	0.86%	
	1,049자	100%	

31) 翟宜疆, 『水文造字机制研究』(华东师范大学 博士学位论文, 2007年 10月), 73~80쪽 참조.

1. 借源字의 造字방법

水文字가 漢字를 借用한 방법은 크게 세 가지로 나눌 수 있다. 첫째 한자의 形·音·意와 같거나 비슷한 차용, 둘째 한자의 形·音과 같거나 비슷한 차용, 셋째 한자의 形·意와 같거나 비슷한 차용 등이다. 자세히 살펴보면 다음과 같다.

첫 번째 방법은 漢字의 原形을 그대로 차용한 것이라 할 수 있다. 주로 天干·地支와 숫자 등에서 보이는데, 자형을 보면 다음과 같다.[32]

天干 : (甲) (乙) (丙) (丁) (戊) (己) (庚) (辛) (壬) (癸)

地支 : (子) (丑) (寅) (卯) (辰) (巳) (午) (未) (申) (酉) (戌) (亥)

숫자 : (一) (二) (三) (四) (五) (六) (七) (八) (九) (十)

두 번째 방법은 앞의 反書에서 살펴보았듯이, 水書의 反書의 용도에서 비롯되었다고 할 수 있다. 즉, 한자의 모양을 차용하되 그 위치를 바꾸는 방식이다. 그러나 의미의 변화는 없다.

32) 이 경우 反書의 例字는 제외하였다.

天干 : (甲) (乙) (丁) (申)

地支 : (子) (丑) (午) (亥)

숫자 : (五) (七) (八) (九)

세 번째 방법은 한자의 필획의 방향과 형태를 바꾸는 방식이다.

방향의 변형 : (天) (壬)

형태의 변형 : (力) (婦) (吉)

사실 이러한 借源字는 수서의 異體字와 큰 차이가 없다고 할 수 있다. 그러나 이체자는 한 개의 자형에 그 모양이 비슷하면서도 차이가 있는 여러 개의 자형이 존재한다는 것이고, 차원자는 그 근원과 유래를 분석한다는 측면에서 그 의미가 다르다. 다시 말해 차원자와 이체자는 별개의 문자가 아니라 동일한 문자이며, 우리가 바라보는 각도를 달리함에 따라 나뉜 분류라는 의미이며, 곧 借源字는 文字의 根源的 形態 연구이고, 異體字는 문자의 二次的 形態 연구이다.

또한, 借源字는 水族이 자체적으로 만들어 낸 自源字와 달리 수문자가 한자의 영향을 원하건 원하지 않든 간에 直間接的으로 영향을 받았음을 보여주는 증거이다.

2. 拼合字의 造字방법

拼合字란 한자의 조자이념과 방법을 참고하여 漢字와 水文字의 필획(部件)을 결합하는 방식을 말한다. 당연히 이렇게 만들어진 수문자는 기존 水文의 自源字와 借源字의 부분적인 특징을 동시에 갖고 있다.

즉, 수문 병합자는 수문자의 내부적인 고유성을 보호하고자 하는 욕구 그리고 수문자에 비해서 성숙한 외래문자의 충격을 부득불 수용해야 하는 상황에서 비롯된 필연적 선택의 산물이라고 할 수 있다.

그러나 그 수량은 自源字·借源字에 비해 그 비중이 약 3%로 대단히 낮다. 이는 한편으로 수족들이 한자의 영향을 수용하면서 동시에 자신들의 문자를 보호 내지는 한계를 극복하고자 하는 욕구가 적극적으로 반영되거나 그로 인해 수문자가 더 높은 단계로 진전되지 못하였음을 말하는 것이기도 하다. 병합자의 예를 들면 다음과 같다.

① 한자 + 한자 : 吠(口+犬, 獸)

② 한자 + 水文 : [illegible] [illegible] [illegible](天+수문, 祖), [illegible](女+수문, 姑), [illegible](女+수문, 婦), [illegible](女+수문, 嫂), [illegible](女+수문, 妹) 특히 [illegible](祖)는 위의 [illegible] 모양은 하늘로서 최고 및 최대의 의미를, 아래의 △ 모양은 사람들을 나타내어, 여러 사람들 가운데 가장 높은 사람이 조상이라는 의미를 나타내고 있다.[33]

③ 기타 : (針)

이 수문의 병합자는 의미 부호의 병합이라는 차원에서 會意의 방법을 적극적으로 활용한 것이라 할 수 있다. 엄격히 말하자면 병합자는 회의의 방식이되, 그것을 다시 세분하여 수문자끼리 병합한 것이면 수문 자원자의 회의자로, 그렇지 않고 한자의 요소를 병합자의 부건으로 활용한 경우에는 병합자라는 기준으로 분류한 것임을 간과해서는 안 된다.

그런데 개념과 개념을 병합하는 방법보다 진보된 방법이라면 그것은 곧 형성의 방법일 것이다. 이 수문 병합자에서 形聲의 가능성이 보이는데, 예를 들어 (sum^{13}, 針)은 한자 金을 차용한 후 그 모양을 생략하여 聲符로 사용한 것이다. 그러나 形符(義符)가 없기 때문에 완벽한 형성자가 되지 못하였다.

漢字의 경우 'A讀若B(A의 발음 B처럼 읽는다.)'의 讀若이나 从A从B(A는 聲母, B는 韻母와 聲調의 결합)의 反切法같은 발음을 기록한 수단이나 韻書가 있었다. 이 외에 『說文解字』의 諧聲字 등 上古시기의 기초적인 음운 자료나 中古시기의 여러 韻書를 근거로 음운체계를 분석하고 있다.

그러나 水書의 경우 이런 자료들이 없이 오늘날 생존하고 있는 수서 선생 등의 발음에 근거하고 있다. 形聲字가 극히 드물다고 단정하기 위해서는 聲符에 대한 자료를 전제로 해야 하며, 학문적인

33) 그러나 을 母性 혹은 陰性으로, △를 男性 즉 陽性으로 보는 경우가 있는데, 그렇다면 이 경우는 회의자에 속한다.

연구란 과학적인 방법에 근거해야 한다. 수서의 경우 字形의 分析이 그 방법이다. 또한, 水書는 한자의 모양을 변형시킨 글자들이 많다. 위의 예처럼 형성자의 가능성을 보여주는 글자를 분석함으로써 그 체계를 가늠할 수 있다.

결과적으로 비록 형성자의 단계로 들어서지는 못했지만 水文의 造字者들은 한자를 선택적으로 활용하여 동일한 기능의 부호로 사용하는 방법을 터득했음을 의미한다. 앞에서 예를 든 '姑, 嫂, 妹' 등에서 '女'를 활용한 것이 그 예이다.

이는 동시에 漢字의 연변 과정에서 형성자가 출연하게 되는 과정을 이해하게도 한다. 수문자도 충분한 시간과 한자와의 충돌이 없었더라면 형성자의 조자방법을 터득하고 造字했을 가능성이 충분하다고 할 수 있다.

제4절 甲骨文과의 比較

1. 水文과 古代漢字와의 연관

水族 水文字의 필사 방법은 上에서 下로, 左에서 右로 그리고 橫·竪·撇·捺·折·鉤 등을 모두 갖추고 있다. 기원전 13세기 殷나라부터 그 시초가 보이는 甲骨文과 그 뒤를 이은 周나라의 金文도 그러했다.

앞의 水族의 起源에서 살펴보았지만, 수족은 최소한 갑골문을 사용했던 사람들과 같은 시기에 살았을 것으로 추정된다. 그런데 글자를 보면 갑골문 및 금문과 근원을 같이 하면서도 더 원시적인 모양을 하고 있다.

예를 들어 갑골문과 금문은 한자의 人을 각각 과 으로 상형하고 있는데, 水文은 등으로 나타내고 있다. 한자는 직립하며 두 손을 사용하는 인간의 특성을 드러내는 表意에 치중하였다면, 수문은 그에 비해 훨씬 사람을 회화적으로 그리고 있다. 동시에 고대한자는 수문에 비해 훨씬 간결하고 나아가 추상적이라고까지 할 수 있다. 결과적으로 갑골문과 금문의 '사람 '은 수문의 '사람 '이 '진화'하는 과정으로 볼 수 있다.

다른 예를 더 들어보자.

字意	고대한자		水文
	甲骨文	金文	
豕, 猪			
鳥			
花			
곡식의 이삭	(年)		(穗)
牛			
家			
刀			
帚			

굳이 설명이 필요 없을 정도로 수문은 갑골문이나 금문보다 훨씬 더 회화적임을 알 수 있다.

특히 時자를 보면 더욱 분명하다. 時는 『說文解字』에 '四時也. 从日寺(之)聲.'이라고 하였는데, 갑골문과 금문에는 보이지 않는다. 그러나 수문의 時 는 앞에서도 말했듯이 옆으로 기울여 보면 의 모양으로서, 과 이 결합한 모양인데, 또 모양으로도 쓴다. 이때 는 측량대, 는 측량대의 햇빛 아래 그림자, 그리고 그 가운데의 점들은 시간의 흐름에 따라 달라지는 그림자의 길이를 나타내고 있다고 하였다. 즉, 수문은 태양의 각도에 따라 달라지는 그림자의 길이를 점으로 나타내고 있으니, 이것은 고대인들이 막대기를 수직으로 땅에 세워놓고 그림자의 이동에 따라 하루의 시간을 재는 방법이다. 이렇게 시간을 재는 방법을 중국의 신화에 비추어보면 殷商시기로부터 2,000년 전인 堯임금의 할아버지인 帝嚳高辛[34]시대까지 거슬러 올라갈 수 있으며, 늦어도 堯임금의 시기까지라고 볼 수 있다.

그런데 수문은 현재에도 여전히 회화적이다. 수문은 한자의 영향을 받았음에도 왜 한자처럼 간결한 모양으로 변하지 않았을까? 소위 진보와 정체의 면에서 본다면 한자는 진보하였고 수문은 정체되었다. 이는 아마도 수문은 한자의 영향을 흡수하려는 욕구가 아니라 거부하는 차원에서 부득불 수용했기 때문이며, 동시에 그

34) 중국의 五帝의 한 사람으로서 黃帝의 曾孫이며, 堯의 할아버지라고도 전해진다. 黃帝의 손자인 顓頊(전욱)을 보좌하여 그 공으로 辛땅에 봉하였다가 다시 전욱의 뒤를 이어서 亳(박)에 都邑하였으므로 高辛氏라 일컫는다.

수량이 많지 않은 수문의 입장에서는 한자를 본래의 그대로가 아닌 反書의 형태로 수용하면서 자신들의 입장을 반영하였기 때문이라 생각된다.

2. 水文과 古代文化遺跡과의 비교

또 다른 예로 陝西省의 西安 半坡문화유적을 들 수 있다. 이 유적지에서 발굴된 陶器 즉 土器에 새겨진 의문의 부호, 혹은 한자의 전신이라 추정되는 부호들이 수문과 연관되어 있다는 주장이다.

西安 半坡 遺址의 圓形가옥 복원도

西安 半坡 遺址의 陶器 파편과 부호들

이 西安 半坡 유적지는 新石器 시대 仰韶의 彩陶문화의 전형적인 모습을 간직하고 있는데, 仰韶문화는 그 시기를 기원전 5,000~기원전 3,000년으로 추정하고 있다. 여기에서 출토된 도기에는 20~30여 개의 부호들이 새겨져 있다.

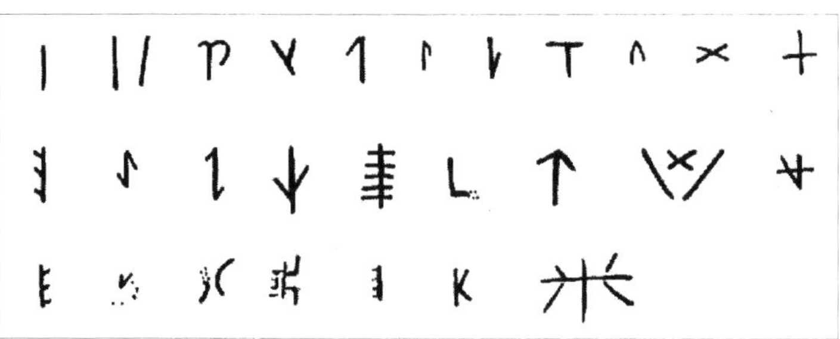

西安 半坡 陶紋 符號
高明, 『中国古文字学通論』(北京大学出版社, 1996) 28쪽 참조

그리고 仰韶文化의 다른 도편 부호들을 보면 다음과 같다.

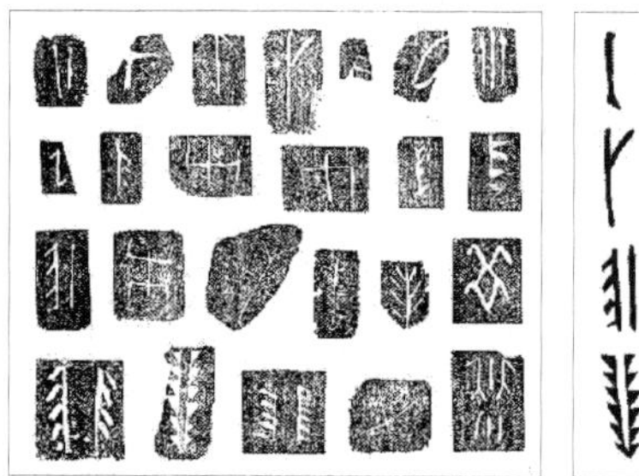

半坡博物館·陝西省考古研究所·臨潼博物館, 『姜寨-新石器時代遺址発掘報告』(文物出版社, 1988) 참조.

그런데 이들 부호들에 대해 수문자 전문가와 水書선생이 수문자와의 대조를 통해 몇몇 글자들이 수문자와 동일하다는 조사결과를 발표했다.[35] 특히 河南省 偃師市의 二里頭 유적에서 출토된 24

35) 2003년 12월, 荔波縣 檔案局(문서관리부)와 水家學會는 수문자 전공 학자와 수서선생을 조직하여 약 1,000권의 水書를 조사하였다. 그 가운데 하나인 江蘇省의 민간 수집가인 凌씨가 소장하고 있는 10개의 부호는 北宋 초기 河南省

개 부호 가운데 약 20개가 지금의 수족문자를 전승한 것이라고 하였다.

二里頭 遺址의 商代 24개 陶紋 符號[36)]

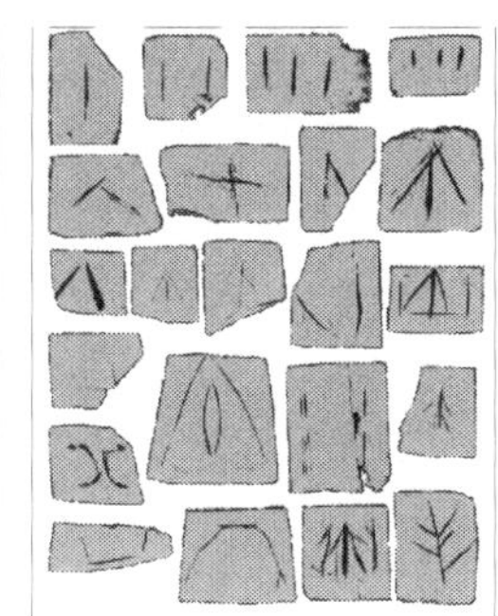
二里頭 遺址 陶紋 모음

그러나 이들 토기에 새겨진 문양들이 수문의 모양과 다소 유사하더라도 그것들은 '一, 二, 三, M, ×, ↑, 十, ∧' 등으로 간단한 숫자 부호로 보는 것이 현재의 일반적 해석이다. 이 부호들은 아마 당시 도기를 만든 도공을 나타내는 표시나 지역 등을 새긴 일종의 記事부호, 혹은 그릇의 용량을 표시한 부호로 추정하고 있다. 즉, 이들 부호들이 의미하는 바가 정확히 무엇인지에 대해서 학계에서는 아직까지 이렇다 할 정설을 내놓지 못한 상태라고 할 수 있다. 특히 이들 부호들은 고정적인 독음과 의미가 있는 語素라고 인정할

臨汝窯에서 발굴된 八蓮瓣 陶瓷碗(8조 연꽃무늬 도자그릇)인데, 이 10개의 부호가 놀랍게도 수족문자라고 밝혔다. 이 부호는 水書의 역문으로 '七一 金方 未乙 子甲 大旺时'이며, 그 의미는 '甲子年 金秋 夏历 九月(水历一月) 乙未日 大旺(丑)時'라고 하였다. (「水文是一种比甲骨文更早的远古文字」, 蒋南华·林静·蒙育民, 『贵州师范学院学报』, 2011年 04期, 4~5쪽 참조.)

36) 『中国古文字学通論』(高明, 北京大学出版社, 1996년) 30쪽 참조.

수 없기 때문에 문자의 단계에 진입하지 못한 원시문자의 형태라고 보는 것이 타당하다.

다만, 이들 고대문화 유적지에서 발굴된 부호들의 의미를 해석하려는 시도는 반드시 필요하며, 그것이 수문과 직접적인 연관이 있기 위해서는 앞에서 제시했던 수문으로의 역문 이외에 보다 더 많은 연관이 있는 자료들이 제시되어야 할 것으로 생각한다. 또한, 고대에 문자가 아직 정연하게 정립되지 않았을 당시, 어떤 의미를 가진 부호, 특히 숫자를 새긴 부호라면 더더욱 유사할 가능성이 클 수밖에 없음을 간과해서는 안 된다.

하지만 수문자가 고대, 그러니까 갑골문이 만들어진 시기보다 이른 시기의 문양과 일치한다는 것은 수문자의 발생 연대를 가늠케 하는 중요한 자료임에는 틀림이 없음도 무시해서는 안 될 것이다.

參考文獻

字典類

一漢字類

许慎 撰, 徐铉 校定, 『说文解字』, 中华书局, 1963年 12月.

汤可敬, 『说文解字今释(上 · 下)』, 岳麓书社, 1997年 1月.

李 圃 主編, 『古文字诂林(總12册)』, 上海教育出版社, 2004年 10月.

東巴文(이하 최근 년대순)

和品正 編著· 宣勤 翻译, 『东巴常用字典』, 云南美术出版社, 2004年 9月.

赵净修 撰, 『纳西象形文实用字词注释』, 云南民族出版社, 2002年 9月.

赵净修 编, 『东巴象形文常用字词译注』, 云南人民出版社, 2001年(2007年 4月 重印).

和力民, 『纳西象形文字字帖』, 云南民族出版社 2001年.

方国瑜 編撰· 和志武 參訂, 『纳西象形文字谱』, 云南人民出版社, 1981年 4月(第一版).

李霖燦 編著· 張琨 標音· 和才 讀字, 『麽些象形文字標音文字字典(國立中央博物院專刊)』, 文史哲出版社, 中華民國61(1972)年 4月.

水書

韋世方 編著, 『水書常用字典』, 贵州省三都水族自治县水族研究所 編,

贵州民族出版社, 2007년.

• 單行本

甲骨文

王　宁 主编·郑振峰 著,『甲骨文字构形系统研究』, 上海教育出版社, 2006年 8月.

『殷商甲骨文形义关系研究』, (韓)朴仁順 著(北京), 中国社会科学出版社, 2006年 11月.

東巴文

郑飞洲,『纳西东巴文字字素研究(中国民族古文字文献研究丛书), 民族出版社, 2005年 10月.

白庚胜, 杨福泉 编译,『国际东巴文化研究集粹』, 云南人民出版社, 1993年.

王元鹿,『汉古文字与纳西东巴文字比较研究』, 华东师范大学出版社, 1988年.

水書

陳　思,『水書揭秘』, 光明日報出版社, 2010년 12月.

班　弨,『中国的语言和文字』, 广西教育出版社, 1995年 7月.

何光岳,『百越源流史』, 江西教育出版社, 1989年 12月.

高　明,『中國古文字學通論』, 北京大學出版社, 1996年 6月.

• 論文類 - 學位論文

甲骨文(박사 학위논문 우선순)

陈婷珠,「殷商甲骨文字形系统再研究」, 华东师范大学 博士学位论文, 2007年 4月.

李旼姈, 『甲骨文字構形研究』, 臺灣 : 國立政治大學 博士學位論文, 2005年 7月.

罗荣辉, 『象形字研究』, 江西师范大学 硕士学位论文, 2010年 6月.

李晓华, 『甲骨文象形字研究』, 福建师范大学 硕士学位论文, 2008年 4月.

竺海燕, 『甲骨構件與甲骨文構形系统研究』, 华东师范大学 硕士学位论文, 2005年 5月.

東巴文 · 水書

李　静, 『纳西东巴文非单字结构研究』, 华东师范大学 博士学位论文, 2009年 4月.

翟宜疆, 『水文造字机制研究』, 华东师范大学 博士学位论文, 2007年 10月.

郑飞洲, 『纳西东巴文字字素研究』, 华东师范大学 博士学位论文, 2003年 4月.

설영화, 『納西 東巴文字의 字形 分析 —甲骨文 · 金文 字形과의 比較를 中心으로—』, 전남대학교 석사학위논문, 2009年 8月.

田　玲, 『甲骨文纳西东巴文象形字比较研究』, 中国海洋大学 硕士学位论文, 2007年 4月.

成　珏, 『论东巴文字的造型语言』, 南京师范大学 硕士学位论文, 2006年 6月.

張瓊文, 『漢古文字與納西東巴文字結構比較研究』, 臺灣中正大学 硕士学位论文, 中華民國94年[2005年] 5月.

史燕君, 『汉古文字与纳西东巴文形声字比较研究』, 华东师范大学 硕士学位论文, 2001年 7月.

● 論文類 - 學術誌論文

甲骨文

徐富昌, 「從甲骨文看汉字構形方式之演化」, 『臺大文史哲學報』, 第64期, 2006年 5月.

郑振峰, 「论甲骨文字构形系统的特点及其演变」, 『语言研究』, 2004年 第03期.

刘兴林, 「甲骨文田猎、畜牧及与动物相关字的异体专用」, 『华夏考古』, 1996年 第04期.

東巴文

董元玲, 「东巴文与水文象形字的比较研究」, 『中国科教创新导刊』, 2011年 第13期.

李　杉, 「纳西东巴文构形分类研究的探讨」, 『理论月刊』, 2011年 第03期.

杨福泉, 「略论纳西族图画象形文字的象征意义」, 云南民族大学学报(哲学社会科学版)』, 2011年 第05期.

苏　影, 「论象形字的取象与构形」, 『哈尔滨学院学报』, 2010年 第01期.

方　婷, 「东巴文字的视觉特性及其在造型设计中的运用」, 『艺术百家』, 2010年 第S1期.

胡文华, 「纳西东巴文会意兼声字分析」, 『中国文字研究』, 2010年 第00期.

张　超·朱晓君·徐人平, 「东巴象形文字的图形化再创造设计研究」, 『艺术与设计(理论)』, 2009年 第04期.

马效义·朱　麟, 「纳西族新创文字研究综述」, 湖北民族学院学报(哲学社会科学版), 2009年 第05期.

李　静, 「东巴文合文研究」, 『兰州学刊』, 2008年 第12期

김태완 · 설영화, 「納西 東巴文字의 符號標識 分析」, 『中國人文科學』

第37號, 2007年 12月.

孔明玉, 「试论纳西东巴文象形字假借字的特点」, 『绵阳师范学院学报』, 2007年 第09期.

张积家·和秀梅·陈 曦, 「纳西象形文字识别中的形、音、义激活」, 『心理学报』, 2007年 第05期.

郝朴宁 李丽芳, 「东巴图画文字符号的意义生成」, 『现代传播(中国传媒大学学报)』, 2006年 第02期.

曹 萱, 「傅懋勣『纳西族图画文字〈白蝙蝠取经记〉研究』探析」, 『蒙自师范高等专科学校学报』, 2003年 第03期.

木仕华, 「纳西东巴文中的卍字」, 『民族语文』, 1999年 第02期.

杨正文, 「纳西族东巴象形文字的演变」, 『思想战线』, 1999年 第05期.

周有光, 「纳西文字中的“六书”–纪念语言学家傅懋勣先生」, 『民族语文』, 1994年 第06期.

和宝林, 「东巴图画文字的产生和运用」, 『云南民族学院学报』, 1988年 第04期.

李静生, 「纳西东巴文与甲骨文的比较研究」, 『云南社会科学』, 1983年 第06期.

傅懋勣, 「纳西族图画文字和象形文字的区别」, 『民族语文』, 1982年 第01期.

方国瑜·和志武, 「纳西族古文字的创始和构造」, 中央民族学院学报, 1981年 第01期.

和志武, 「试论纳西象形文字的特点 – 兼论原始图画字、象形文字和表意文字的区别」, 『云南社会科学』, 1981年 第03期.

王义民, 「活着的象形文字——东巴文」, 『内蒙古社会科学』, 1981年 第03期.

水書

蒋南华·林静·蒙育民, 「水文是一种比甲骨文更早的远古文字」, 『贵州师范学院学报』, 2011年 04期.

翟宜疆, 「水文象形字研究」, 『兰州学刊』, 2009年 第10期.

邹　渊, 「甲骨文与纳西东巴文器物字比较研究」, 『绵阳师范学院学报』, 2009年 第12期.

韦宗林, 「水族古文字与甲骨文的联系」, 『贵州民族学院学报(哲学社会科学版)』, 2006年 第01期.

潘朝霖, 「"水书"难以独立运用的死结何在?」, 『贵州民族学院学报(哲学社会科学版)』, 2006年 第01期.

朱建军, 「从文字接触视角看汉字对水文的影响」, 『贵州民族研究』, 2006年 第03期.

蒙景村, 「"水书"及其造字方法研究」, 『黔南民族师范学院学报』, 2005年 第01期.

邓章应, 「水书造字机制探索」, 『黔南民族师范学院学报』, 2005年 第02期.

蒙景村, 「"水书"及其造字方法研究」, 『黔南民族师范学院学报』, 2005年 第01期.

韦宗林, 「水族古文字探源」, 『贵州民族研究』, 2002年 第2期.

甘　露, 「甲骨文与纳西东巴文农牧业用字比较研究」, 『大理师专学报』, 2000年 第01期.

韦宗林, 「水族古文字"反书"的成因」, 『贵州民族学院学报(社会科学版)』, 1999年 第04期.

冷天放, 「"水书"探源」, 贵州民族研究, 1993年 第01期.

岑家梧, 「水书与水家来源」, 『岑家梧民族研究文集』, 北京, 民族出版社, 1992年 12月.

[저자약력] 金 泰 完

• 전남대학교 중어중문학과 부교수
• 전남대학교 중어중문학과 졸업, 같은 대학에서 문학 석사, 문학 박사학위 취득(『上古漢語聲母體系研究』-研究史를 中心으로)
• 저·역서
『허신의 고뇌, 창힐의 문자』(2007, 전남대학교 출판부 / 2007년 문화관광부 우수학술도서상 수상)
『한자, 한문 그리고 중국문화』(2008, 전남대학교 출판부, 공저)
『중국 고대 학술의 길잡이-≪漢書·藝文志≫註解-』(2005, 전남대학교 출판부, 공저)
『중국학입문』(2005, 전남대학교 출판부, 공저)
『중국 고대문학 사상과 이론』(2003, 전남대학교 출판부, 공저)
• 논문
「東Asia文字的Typography傳統-漢字與韓字(2010, 中國文字博物館)
「簡體字 再論(1)(2010, 용봉논총)
「古代字形을 통해 본 '吉·凶·福·禍'의 형성 및 의미 분석」(2009, 중국어문학논집)
「女書文字 小考」(권용채·김태완, 2009, 중국인문과학)
「生死와 관련한 古代字形의 분석을 통한 고대 중국인의 생사관 탐색(2008, 중국인문과학)
「納西 東巴文字에 담겨진 納西族의 生死觀」(설영화·김태완, 2008, 중국인문과학)
『說文解字』部首의 四書 귀납원칙 및 部內字 배열원칙과 部首와의 관계 고찰(2007, 중국인문과학)
「納西 東巴文字의 符號標識 分析」(2007, 중국인문과학)
「中國 上古時期와 高句麗의 語音 비교」(2007, 중국인문과학) 등.

甲骨文과 中國의 象形文字

초판 인쇄 2012년 1월 20일
초판 발행 2012년 1월 30일

역 자 | 金 泰 完
펴 낸 이 | 하 운 근
펴 낸 곳 | 學古房

주 소 | 서울시 은평구 대조동 213-5 우편번호 122-843
전 화 | (02)353-9907 편집부(02)353-9908
팩 스 | (02)386-8308
전자우편 | hakgobang@chol.com
등록번호 | 제311-1994-000001호

ISBN 978-89-6071-236-2 93720

값 : 13,000원

※ 파본은 교환해 드립니다.